让年轻人少走弯路的
125个成功密码

墨 菲 ◎ 编著

中国华侨出版社

图书在版编目（CIP）数据

让年轻人少走弯路的125个成功密码/墨菲编著.—北京：
中国华侨出版社，2014.2
ISBN 978-7-5113-4445-8

Ⅰ.①让… Ⅱ.①墨… Ⅲ.①成功心理－青年读物
Ⅳ.①B848.4-49

中国版本图书馆CIP数据核字（2014）第031343号

● 让年轻人少走弯路的125个成功密码

编　著／墨　菲
责任编辑／若　溪
责任校对／孙　丽
装帧设计／昇昇设计
经　销／新华书店
开　本／710毫米×1000毫米 1/16　印张／19.5　字数／270千字
印　刷／北京联兴华印刷厂
版　次／2014年4月第1版　2014年4月第1次印刷
书　号／ISBN 978-7-5113-4445-8
定　价／36.80元

中国华侨出版社　北京市朝阳区静安里26号通成达大厦3层　邮编：100028
法律顾问／陈鹰律师事务所　　编辑部：（010）64443056　　64443979
发行部：（010）64443051　　传　真：（010）64439708
网　址：www.oveaschin.com　　E-mail：oveaschin@sina.com

前言
PREFACE

"成功",让人心生涟漪的字眼,"成功",令人豪情壮志的词语。成功,是至高无尚、快乐与喜悦、振奋与自豪的代名词。毫无疑问,成功是每个人所向往的。然而,它不是路边的石头,随处可拣;也不是田间里的一株小草,随意可得。在成功的路上,从来都不是一帆风顺的!

人,就这么一辈子,生命经不起消耗,时间挨不住蹉跎。要过积极的人生,想要活得精彩,就要在人生路上少走弯路。年轻人如何在涉世之初少走弯路,有一个好的开端,成就一番事业呢?

《让年轻人少走弯路的125个成功密码》一书试图运用简洁、精炼的文字,以超人的智慧、严谨的思维,形成一定的脉络,在道德、精神和行为准则上指导万千年轻人,给你安慰,给你鼓舞,使你从中汲取力量,为走在通往成功路上的你拨开人生迷雾,从而改变你的生活,开创崭新的人生。

本书是一把开启年轻人事业与成功的钥匙;本书是一块让年轻人少走弯路的试金石。本书没有空泛的大道理,而是更加贴近生活、立足现实地为年轻人解读少走弯路的成功密码:如何设定适合自己的目标,并能很好地去实现它;如何与人相处,通过社交来助你成功；如何激发你无限的潜能；如何抓住机遇；如何控制自己的内心，如何端正态度……对于年轻人如何在成功路上少走弯路将是你最好的"心灵鸡汤"。

年轻的朋友们，好好地遵循、把握这些忠告和建议吧，因为比起所学的课堂课程来，它毫不逊色！

目录
CONTENTS

第一章 成功等于目标——目标是成功的"指南针"

001. 投资"未来"的人，是忠于现实的人 ………… 2
002. 万丈高楼平地起 ………………………………… 4
003. 不输在"起点"，就一定能赢在"终点" …… 6
004. 男怕入错行，女怕嫁错郎 ……………………… 8
005. 方向比速度重要 ………………………………… 11
006. 一生只做一件事 ………………………………… 13
007. 人伟大，是因为目标伟大 ……………………… 15
008. 10年后你会怎样 ………………………………… 17
009. 不断修正和翻新你的人生计划 ………………… 19

第二章 行动创造未来——行动是成功的"点火器"

010. 话说千遍，不如向前一步 ……………………… 22
011. 别做语言上的巨人、行动上的矮子 …………… 24
012. 人生难得几回搏，该出手时就出手 …………… 26
013. 两手插在裤袋里的人，永远爬不上成功的阶梯 … 28
014. 天才的"基因" ………………………………… 31
015. 不想出汗，休想吃饭 …………………………… 33
016. "不犹豫"，从而"不后悔" …………………… 34

第三章 不可弃的机遇——机遇是成功的"导火线"

- 017. 抓住机遇，获取成功 ……………………………… 38
- 018. 好奇带来机遇 …………………………………… 40
- 019. 推开虚掩的门 …………………………………… 42
- 020. 弱者等待机会，强者制造机会 ………………… 44
- 021. 机遇与挑战并存 ………………………………… 47
- 022. 机遇只偏爱有准备的头脑 ……………………… 49
- 023. 良好的习惯让你"点石成金" ………………… 51
- 024. 机遇总在犹豫中产生，在后悔中结束 ………… 53

第四章 激发无限潜能——潜能是成功的"加速器"

- 025. 摆脱自我设限 …………………………………… 56
- 026. 成功源于欲望 …………………………………… 58
- 027. 唤醒你心中酣睡的巨人 ………………………… 60
- 028. 心中想赢，就一定能赢 ………………………… 62
- 029. 成功是"逼"出来的 …………………………… 64
- 030. 只有想不到，没有做不到 ……………………… 66
- 031. 绝境中的重生 …………………………………… 69
- 032. 心似猛虎，细嗅蔷薇 …………………………… 71

第五章 排除负面情绪——情绪是成功的"遥控器"

- 033. 不要为打翻的牛奶哭泣 ………………………… 74
- 034. 做情绪的主人，而不要成为情绪的奴隶 ……… 76
- 035. 解除烦恼的"魔法"公式 ……………………… 78
- 036. 镇定地改善最糟糕的状况 ……………………… 80
- 037. 切勿喋喋不休地抱怨 …………………………… 81
- 038. 把恐惧拒之门外 ………………………………… 84

039. 放下仇恨 …………………………………… 86
040. 揭开忧虑之谜 ……………………………… 88
041. 冲动是魔鬼 ………………………………… 91
042. 情商比智商更重要 ………………………… 92

第六章 圆润人际交往——社交是成功的"桥梁"

043. 成功＝15％的技能＋85％的社交 ………… 96
044. 赠人玫瑰，手有余香 ……………………… 98
045. 用赞美拥抱世界 …………………………… 100
046. 谦让是不可弃的美德 ……………………… 102
047. 微笑是最美的语言 ………………………… 104
048. 对别人无限地感兴趣 ……………………… 106
049. 信守承诺 …………………………………… 108
050. 记住别人的名字 …………………………… 110
051. 鸦有反哺之义，羊知跪乳之恩 …………… 112
052. 人们都渴望受到尊重 ……………………… 114

第七章 舌尖灿莲花——会说话是成功的"关键"

053. 做一个好的倾听者 ………………………… 118
054. 谈论别人感兴趣的事物 …………………… 120
055. 委婉地指出别人的错误 …………………… 122
056. 苏格拉底辩证法 …………………………… 124
057. 四"不"五"要"避免争论 ……………… 127
058. 勇于承认错误 ……………………………… 130
059. 激发对方高尚的动机 ……………………… 132

第八章 珍惜时间——时间是成功的"护身符"

060. 时间是金钱 ………………………………… 136

061. 合理支配时间的三个方案 …………………………………… 139
062. 昨日是作废的支票，只有今日才是法定的货币 …… 141
063. 别给生命打草稿 ………………………………………………… 142
064. 世界上最长和最短的东西 …………………………………… 144
065. "第 25 小时" …………………………………………………… 145
066. 与时间赛跑 ……………………………………………………… 147
067. 让你的时间有价值 …………………………………………… 149
068. 集中精力办大事 ……………………………………………… 151

第九章 成功源自心态——心态是成功的"入场券"

069. PMA 黄金定律 ………………………………………………… 156
070. 心态魔方 ………………………………………………………… 158
071. "心"若在，梦就在 ………………………………………… 160
072. 如果有个柠檬，就做柠檬水 ……………………………… 162
073. 信念是不竭的力量源泉 ……………………………………… 164
074. 从容面对生活中的不如意 …………………………………… 166
075. 把刮风当作梳理头发，把下雨当作洗浴身体 ……… 168
076. 激情与成功相约 ……………………………………………… 170
077. 抬头做人，低头做事 ………………………………………… 173

第十章 培养良好习惯——良好习惯是成功的"基石"

078. 如何平衡工作与生活 ………………………………………… 176
079. 从"小"事做起 ……………………………………………… 180
080. 感到疲劳之前先休息 ………………………………………… 182
081. 让自己去适应环境 …………………………………………… 184
082. 快速融入新的职业环境 ……………………………………… 186
083. "假装"喜欢自己的工作 …………………………………… 190
084. 带着乐趣去工作 ……………………………………………… 192

085. 让忧虑为效率服务 …………………………… 194

086. 四种习惯，助你成功 …………………………… 196

087. 懒惰的"罪状" …………………………………… 198

第十一章 态度决定一切——态度是成功的"指挥棒"

088. 财富是勤奋的副产品 …………………………… 202

089. 坚持不懈，直到成功 …………………………… 204

090. 忍耐是人生的必修课 …………………………… 207

091. 不是"不可能"而是"不，可能" ………………… 209

092. 有责任心 ………………………………………… 211

093. 专注，成功的神奇之钥 ………………………… 213

094. "全力以赴"还是"尽力而为" …………………… 216

095. 冷静地思考，比埋头苦干更重要 ……………… 219

096. 别让"眼高手低"害了你 ………………………… 221

第十二章 练就演讲口才——口才是成功的"捷径"

097. 好口才，好前程 ………………………………… 226

098. 高效演讲的艺术 ………………………………… 228

099. 好口才不是天生的 ……………………………… 232

100. 训练口才的几个要点 …………………………… 234

101. 追求"演"与"讲"的和谐统一 …………………… 236

102. 口才速成法 ……………………………………… 238

103. 打开听众的心扉 ………………………………… 241

第十三章 转化不利因子——困难是成功的"发动机"

104. 困难并不意味着不幸 …………………………… 246

105. 与"难"共舞 ……………………………………… 248

106. 打击与挫折是成功的垫脚石 …………………… 250

107. 我"失"故我在 ……………………………… 252
108. 永不灭绝的希望 ……………………………… 253
109. 最大的敌人是自己 …………………………… 256
110. 品味磨难中的芳香 …………………………… 258

第十四章 不断完善自己——自我是成功的"品牌"

111. 认识你自己 …………………………………… 262
112. 每天给自己打气 ……………………………… 264
113. 每日"自省吾身",不断更新自我 ………… 267
114. 感谢"反对"你的人 ………………………… 270
115. 敢于从失败中积极汲取经验教训 …………… 272
116. 及时弥补生命的"短板" …………………… 275

第十五章 富有合作精神——协作是成功的"双翼"

117. 合作就是力量 ………………………………… 278
118. 以二合一来代替二选一 ……………………… 280
119. 团队第一,个人第二 ………………………… 282
120. 一加一大于二 ………………………………… 284
121. 好风凭借力,借梯能登天 …………………… 285
122. 站在"巨人"肩上摘星星 …………………… 288
123. 要有自己的"节拍",更要与团队"合拍" … 291
124. 想赢得合作,先把双手借给别人 …………… 293
125. 合作永远大于竞争 …………………………… 295

第一章

成功等于目标

——目标是成功的"指南针"

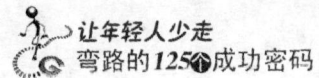

001. 投资"未来"的人，是忠于现实的人

[成功密码]

确立目标，是人生规划的第一乐章。

"投资未来的人，是忠于现实的人"是流传于哈佛大学中的一句训言。为未来投资，就是要及早地设定自己的人生目标。

人活着，应该有目标，正如哲学家所说："活着而没有目标是可怕的。"生活如歌，因目标而婉转动听；生活似酒，因目标而甘甜香醇。鲜花因有了目标而开放；山溪因有了目标而奔流；生活因有了目标而精彩。

目标，让黑暗里的种子顶开重重瓦砾，尽享日月的精华；目标，让荒漠中的花朵冲开种种艰难，摇曳出一片芬芳。目标的风，带来人生最美的春天；目标的雨，滋润新生的幼苗；目标的土地，培育出人生最灿烂的花朵。制定目标，你就会有一个前程似锦的未来。

一个还未实现的目标，如同一个未履行的义务或未完成的任务，对人的发展是强烈的鞭策，有助于人们不断克服懈怠情绪，不断地超越自我，向着既定的目标前进。

1841年，巴尔扎克受但丁《神曲》的启发，制定了创作137部总名为《人间喜剧》的宏大创作计划。在这一目标的激励下，巴尔扎克孜孜不倦、呕心沥血，终于完成了其中91部著作的创作。在不到20年的时间里，平均每年创作四五部之多。他每天伏案10小时以上，常常连续工作18小时。

虽然他临终前并没有完成全部创作计划，但他为实现既定目标倾注了全力，这就是目标激励出的惊人力量。

有了目标，就会有斗志，就能发掘人的潜能。从心理学角度讲，一个人对自己的能力有正确的评价，再有一个切合实际的目标牵引，然后一步一个脚印地走下去，取得成功并不是特别困难的事。

或许，我们曾不满于现状的平庸；或许，我们曾抱怨过生活的无聊。然而，当我们在心中为自己设下可行的目标并持之以恒地向前迈进时，我们的生活也就掀开了新的一页。

有一则寓言。

有两只蜗牛想翻越一段墙，寻找墙那边的食物。一只蜗牛来到墙脚，头也不抬，就毫不犹豫地向上爬去，可是每当它爬到大半时，就会由于劳累、疲倦而跌落下来。可是它不气馁，一次次跌下来，又一次次地重新开始向上爬去。

另一只蜗牛观察了一下，决定绕过墙去，很快这只蜗牛就绕过墙来到了食物前，开始享受起来。

填饱了肚子，又回到原地，这只蜗牛看见另一只蜗牛还在不停地跌落下去又重新开始向上爬，于是，它高声对着同伴说："伙计，为什么你不抬头看看前方，选择合适的线路呢？"

生活中亦是如此，成功除了执着、不懈奋斗外，更需要选择正确的目标。树立正确的目标，就是为人生建起了希望灯塔。它是前进的动力，是行动的根源，是成功的希望。它让每一条船避开激流、暗礁，安全而迅速地驶入成功的港湾，去游览岸上的无限风光。

正如萧伯纳说："人生的真正欢乐是致力于一个自己认为是伟大的目标。"这是胜利者的格言。在获得成功的过程中，尽管荆棘满布，万水千山，但懂得投资未来的人，希望的涟漪会荡漾开来。如此一生，岂不充实、岂不精彩？

目标，是昏暗中的一抹阳光，借着斑斓色彩，让我们成长。目标有正确与不正确之分。正确的目标催人奋进，推动社会进步。不正确的目标，不但不会达到预期效果，反而让人越走越远，甚至步入犯罪的深渊。因此，年轻人在制定目标的时候，必须要切合实际，确定正确的目标，然后脚踏实地，一步一步靠近成功的彼岸，实现人生的价值，走完美好的生命历程。

002. 万丈高楼平地起

[成功密码]

我非常相信，及时把自己的大目标分划成几个小目标，给自己的人生做个基本的规划，是获得心理平衡的最大秘密，因为我心中时刻充满了信念。而我也相信，只要我们能制定出个人规划来，什么样的事情都是值得我去做的。并且我能够清楚地知道自己的下一步该去做什么，我需要讨一种什么样的生活。如此一来，多少可以消除掉我一大半的忧虑。

树立目标，就是为人生建起了希望灯塔。有了明确的目标，就等于成功了一半，但是获取任何成功，都不是一蹴而就的事，都需要采取循序渐进的方法。

俗话说，"万丈高楼平地起"，"九层之台，起于垒土"。任何美好的目标都需要一步一步地去实现。现实生活中，年轻人最容易急功近利，但往往得不偿失。

一个人有远大的目标固然好，可是年轻人也要明白，目标的实现也不是一时半会儿就能达到的，我们需要把这个大的目标分割成一个个小的目标，然后逐一去实现它。经过长期的积累，你会发现胜利就在眼前。

一只新组装好的小钟放在了两只旧钟当中。两只旧钟"嘀嗒"、"嘀嗒"一分一秒地走着。其中一只旧钟对小钟说："来吧，你也该工作了。

可是我有点担心,你走完三千二百万次以后,恐怕便吃不消了。"

"天哪!三千二百万次。"小钟吃惊不已。"要我做这么大的事?办不到,办不到。"

另一只旧钟说:"别听它胡说八道。不用害怕,你只要每秒嘀嗒摆一下就行了。"

"天下哪有这样简单的事情?"小钟将信将疑。"如果这样,我就试试吧。"

小钟很轻松地每秒钟"嘀嗒"摆一下,不知不觉中,一年过去了,它摆了三千二百万次。

俗语说得好:"罗马不是一天建成的。"既然一天建不成辉煌的罗马,那么我们就不必去想以后的事,只要想着把今天的事做好就行了,就像那只小钟一样,每秒只需"嘀嗒"摆一下,我们终将会建成一个美丽辉煌的罗马。

生活中,很多年轻人可能都会出现像小钟刚开始的那种困惑,有了目标,下了决心,似乎成功遥不可及,于是就开始了不自信和倦怠,常常半途而废,难以坚持。

一位企业家说:"一个成功就是一个爬山的过程,当你想爬到那个山头,从山脚下爬山到达山顶的过程,每往上走一步,每绕过一个石头,每穿过一个森林就是一个生命的过程,经过这个生命过程也是一个成功,所以成功要做到经过过程达到目标;实现那个目标的过程,不管怎样走,只要能达到就是成功,但是当你得到成果后还会有新的目标出现,当爬过山头的时候会发现还有另外一座山头等着你,通常那个山头比这个山头高,你就继续往前。"这就是告诉我们,成功是一个目标接着一个目标不断跨越的过程,要达到最终的成功,就要将自己的大目标分割成一个个小目标,给自己的人生做个规划,进而不断鞭策自己,最终实现大目标。

有一位日本长跑运动员,身体素质并不突出,但是在马拉松比赛中屡屡取得好成绩。人们都感到疑惑。

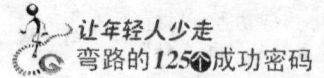

一次,新闻发布会,终于揭开了谜底。

记者问其缘故,他说:"每次比赛前,我都会事先侦察一下要跑的路径,每隔一段距离就做一个标志,比如第一个标志是一栋小白楼,第二个目标是一棵小树,第三个目标是大厦对面的那个银行……这样一直画到终点,将漫长的赛程分成几个小的部分。所以,在比赛中,我每跑到一个标志处,我就知道了已经跑了多远,然后以同样的速度向下一个目标冲去,这样,我既有成就感,又有信心,跑起来就不至于因为看不到希望而中途放弃,漫长的42公里195米的赛程就被我分解成这么几个小目标轻松地跑完了。"

人生目标,绝非一蹴而就。它是一个不断积累的过程,需要我们一步步去寻找前进中的一个个小小的标志。这样在路途中,才不会懈怠,然后才有足够的力气去摘取成功的果实。

没有人能一步登天,一口吃个胖子,所以梦想一举成名,一下成为一个成功者是不可能的。因此,真正的成大事者善于化整为零,从大处着眼,从小处着手。

003. 不输在"起点",就一定能赢在"终点"

[成功密码]

选择生命中一个明确的目标,有着心理上及经济上的两个理由。

目标是走向成功的"起点"。人生不能没有目标。它犹如一盏明灯,照亮了属于你的生命;它犹如一个路牌,在迷路时为你指引方向;它犹如一方罗盘,给你导引人生的航向;它似一支火把,它能燃烧每个人的思想,牵引着你飞向梦想的天空。

有人曾对世界上一万个不同种族、年龄与性别的人进行过一次关于人生目标对他们影响的调查。

结果显示，只有3％的人能够明确目标，并知道怎样把目标落实；而另外97％的人，要么根本没有目标，要么目标不明确，要么不知道怎样实现目标……

若干年后，他对上述调查对象再一次进行跟踪调查，结果令他吃惊：那些有清楚目标并知道落实目标的3％的人，在事业成功上远远高于其他97％的人，并正在按原定的人生目标走下去。

原来，杰出人士与平庸之辈最根本的差别，并不在于良好的教育背景和先天的环境条件上，也不在于机遇，而在于最初有无人生的目标！

由此可以得出结论：

(1) 目标是成功的前提，目标是行动的导航灯。

(2) 目标产生积极的心态，对成功的渴望可以督促你迈上人生的巅峰。目标是你努力的依据，也是对你的鞭策。目标给你一个看得见的彼岸。随着你实现这些目标，你就会有成就感，你的心态就会向着更积极主动的方向转变。

(3) 目标具有强大的威力。确立明确的目标，能够让你清晰地评估每一次行动的进展，使人产生持续的信心、热情与动力。

(4) 目标使你集中精力，迫使你把握现在。目标对目前工作具有指导作用。也就是说，现在所做的，必须是实现未来目标的一部分。因而让人重视现在、把握现在。

(5) 目标有助于你分清轻重缓急，把握重点。目标让你知道什么事最重要，使人能够把重点转移到工作成果上来。而没有目标，我们就会很容易陷入跟理想无关的现实事务中，成为琐事的奴隶。

(6) 目标使你感觉到生存的意义和价值。人们处世的方式主要取决于他们怎样看待自己的目标。如果觉得自己的目标不重要，那么所付出的努力自然也就没有什么价值；如果觉得目标很重要，那么情况就会相反。

(7) 目标使人自我完善，永不停步。自我完善的过程，其实就是潜能不断发挥的过程。而要发挥潜能，你必须全神贯注于自己的优势并且可能会有高回报的方面。目标能使你最大限度地集中精力。当你不停地在自己有优势的方面努力时，这些优势必然会进一步发展。

(8) 目标是成功的"起点"，不输在起点，就一定能赢在终点。

爱默生说："一心向着自己目标前进的人，整个世界都给他让路！"人生在世，应具有明确的奋斗目标。一个人有了明确的目标，也就产生了前进的动力，生命才会有价值。一艘没有航行目标的船，任何方向的风都是逆风。年轻人，从现在开始，就明确你的目标吧，因为只有它才能铸就不平凡的人生。

004. 男怕入错行，女怕嫁错郎

[成功密码]

不可过分追逐金钱、名利，金钱、名利本身给你带来不了什么；追逐金钱、名利，会给人一种为了活着而活着的感觉。为活着而活着是一种原始的生活，是现代文明人所不能容忍的。

一个人一生中最大的幸福在于找对两件东西，一是找对行业、找对公司；第二件事就是找对妻子或丈夫。换句话说，对于我们每个人来说，人生目标只有适合自己的，才是最好的。

鹰击长空，鱼翔浅底，虎啸深山，驼走大漠，因为选择了适合自己的目标才造就了生命的极致；泰山奇，华山险，黄山绝，峨眉秀，因为它们选择了适合自己的方式，才创造了天下奇观……任何事物只有选择适合自己的目标，才能实现自己的价值。

有这样一个故事。

成功等于目标
——目标是成功的"指南针"　第一章

在美国南面的佛罗里达州有个脾性古怪的渔夫，他虽说是个出海打鱼的好手。可他却有一个极不好的习惯，就是爱立誓言，即使誓言不切实际，一次次碰壁，也将错就错，死不回头。

有一年春天，他听说鱼市面上墨鱼的价格最高，于是便立下誓言：这次出海只捕捞墨鱼。但此次打鱼捞到的全是螃蟹，他丢弃了螃蟹，只好空手而归。上岸后，他才得知现在市面上螃蟹价格最高。

第二次出海，他把注意力全放到了螃蟹上，可这一次遇到的却全是墨鱼，他只好又空手而归。晚上，渔夫躺在床上，十分懊悔。于是他又发誓：无论遇到螃蟹，还是墨鱼，都捕捞。

可第三次出海，墨鱼、螃蟹，渔夫都没有遇到，他遇到的只是马鲛鱼。于是，渔夫再一次空手而归。

渔夫没有赶上第四次出海，就在自己的誓言中饥寒交迫地离开了人世。

这个打鱼的好手，为什么会在饥寒交迫中离开人世？原因就在于他爱立目标而又不切实际，最终只能失败。世上没有如此愚蠢的渔夫，但是却有这样愚蠢的想法。

职场上常常听不少年轻人说起：在某个领域内自己做得很好，但在另一个似乎完全不相关的领域却一无是处。究其原因不是因其能力不够，而是选择了并不适合自己的工作，并没有认真地思考一下"我是谁"、"我适合做什么"、"进外企还是高新企业"，也因为不清楚自己要什么，从而无法体会如愿以偿的感觉。

每个年轻人都希望自己能够出人头地，做出一番轰轰烈烈的事业，应当朝远大的目标努力，但这个目标必须是根植于自己的实际基础之上，才有可能开出艳丽的花朵。

奥托·瓦拉赫是诺贝尔化学奖获得者，他的成才过程极富传奇色彩。瓦拉赫在开始读中学时，父母为他选择的是一条文学之路。不料一个学期下来，老师为他写下了这样的评语："瓦拉赫很用功，但过分拘泥，这样的人即使有着完美的品德，也决不可能在文学上发挥出来。"

此时，父母只好尊重儿子的意见，让他改学油画。可瓦拉赫既不善于构图，又不会润色，对艺术的理解力也不强，成绩在班上是倒数第一，学校的评语更是令人难以接受："你是绘画艺术方面的不可造就之才。"

面对如此"笨拙"的学生，绝大部分老师认为他已成才无望，只有化学老师认为他做事一丝不苟，具备做好化学实验应有的品格，建议他试学化学。父母接受了化学老师的建议。这下，瓦拉赫智慧的火花一下被点着了。文学艺术的"不可造就之才"一下子变成了公认的化学方面的天才。在同类学生中，他遥遥领先……

又有一则故事。

据说，有一次，爱因斯坦上物理实验课时，不慎弄伤了右手。教授看到后叹口气说："唉，你为什么非要学物理呢？为什么不去学医学、法律或语言呢？"

爱因斯坦回答说："我觉得自己对物理学有一种特别的爱好和才能。"这句话在当时听到似乎会觉得爱因斯坦有点自负，但却真实地说明了爱因斯坦对自己有充分的认识和把握。

瓦拉赫、爱因斯坦的成功，说明这样一个道理：只有懂得发挥自己的优势，选择自己适合做的事情才能取得最终的成功。所以处于人生起步阶段的年轻人在你们选择个人职业的时候，首先应清楚自己的优势是什么，在什么样的职位和岗位上才能够发挥自身的优势。

松下幸之助曾说："人生成功的诀窍在于经营自己的个性长处，经营长处能使自己的人生增值，否则，必将使自己的人生贬值。"人的一生要写好人生剧本，就必须结合自己的实际，写出最适合自己的角色，这样才能呈现一个不一样的精彩画面。

005. 方向比速度重要

[成功密码]

　　无论是工作还是学习，我们在行动之前一定先明白和看清楚自己的目标，注意自己的行进方向，这样一方面可以节省时间，另一方面还可以避免忙碌而又无所作为。要不断地提醒自己，前方的目标在哪里，是否偏离了原本的行进轨道。

　　人生之路就如同是一次旅行，前进的速度可以不同，但首先要明确方向。现实中，多数年轻人只顾匆匆赶路，不考虑方向的问题，结果却到了一个根本不值得或错误的地方。没有了方向，速度就失去了原有的意义。

　　方向永远比速度重要。方向是人生的指路明灯，为你拨开迷雾，为你开启明媚的新世界。没有方向，人生就没有了前进的动力，生活就失去了存在的意义。

　　梦露是美国一位杰出的社会活动家。20年前，她遇到一位一条腿严重扭曲的男孩子，极富同情心的梦露立即将这个男孩子带到医院做了外科检查。

　　检查之后，医生告诉她："如果给这个小男孩做一些康复手术，小男孩的腿完全可以像正常人一样，但是手术费昂贵。"

　　为了能治好小男孩的腿，梦露经过多方奔走和说服，医院终于同意减免一部分医疗费用，一位银行家开出了一张限额支票，小男孩的家人以及梦露本人也筹集了一部分资金。

　　一切都进展得非常顺利。"终于有一天，那个小男孩居然像正常人跑了起来，"梦露激动地回忆说，"当时我的泪水抑制不住地流了下来。"

　　"20年后，小男孩已经变成了一位健壮的小伙子。"梦露向她的听众问道："你们知道他今天是做什么的吗？"

梦露停顿了一下说："他因为抢劫正在监狱里度着他的四年刑期……"

说到这里，台下所有的人都感到惊讶。此时，梦露已是泪流满面。她哽咽着继续讲述道："这是我一生中最愧疚的一件事情，我只顾忙于教他能够快速地走路，而忽略了更重要的事情，那就是教他应该往哪里走！"

年轻人现在正是你们确定人生方向的时候，在人生的旅途中，一定要选准自己努力奋斗的方向。即使前进的脚步缓慢，那也是在通往成功的路上，否则，方向不明，背道而驰，最终只能造成终生的懊悔，实为得不偿失。

有一个流传广泛的寓言故事。

说的是一群伐木工人走进一片树林，开始清除矮灌木。当他们历尽千辛万苦，好不容易清除完一片灌木林，直起腰来准备享受一下完成了一项艰苦工作后的乐趣时，却猛然发现，他们需要清除的不是这片树林，而是旁边的那片树林。

现实生活中，有多少年轻人，就如同这些砍伐矮灌木的工人们，常常只顾埋头砍伐，在看似忙碌的最后却发现自己将精力消耗在了偏离方向的事情上，降低了效率，白做了许多无用功。

这也告诉我们：无论是生活还是工作，年轻人在行动前别忘记先为自己找一个清晰的前进方向。清晰的方向，既是成功的开始，又是成功的保证。是因为这样做一方面可以节省时间，另一方面还可以避免忙碌而无所作为。正如一位哲人所讲："一个人最重要的不是她所取得的成绩、她所在的位置，而是她所朝的方向。"年轻人要想创造更好的人生，就让我们选准前进的方向，阔步走向明媚的未来！

006. 一生只做一件事

[成功密码]

一生只做一件事，这对于一般人来说，是一件极不容易的事情。凡夫俗子因为心中的欲念太多，不停地转换人生方向，最终忙碌一生都一事无成。

俗话说，百事精，不如一事精。如果一个人一生能够做好很多事情，这样的人固然是难能可贵的。爱迪生一生有两千多项发明，居里夫人同时获得了两项诺贝尔奖。但是这毕竟是少数，世上大多数成功的人都没能做好很多事情，而是一生只做好一件事。

沃尔玛，自始至终只做零售，终究成为世界零售业老大；麦当劳实力再强，也只做快餐，从不涉足其他餐饮，最终成为世界第一；美国通用汽车公司一百年来只做汽车与配件，资产再多，也不投资航空与轮船，所以成为世界第二强……一生只做一件事，唯有一心一意，心无旁骛，才能到达梦的天堂，获得成功。

比利时画家雷杜德，一生专攻一件事——画花，尤其是玫瑰和百合。任凭法国大革命政权更迭，甚至人头落地、血流成河，他只管画自己的玫瑰。整整20年，他以一种"将强烈的审美加入严格的学术和科学中的独特绘画风格"记录了170种玫瑰的姿容，绘成《玫瑰图谱》。

在此后的180年里，世界各国以各种语言和版本出版了200多种《玫瑰图谱》，几乎每年都有新版本降临人世。

雷杜德，他只做了一件事——画花卉水彩，但他的花卉水彩成为巅峰，无人能够逾越。

一生只画花卉水彩，一生只挖一口井，一生只做一件事，这样才有可能抵达光辉的顶点。雷杜德是如此，万千成功者更是如此。

如今太多的年轻人，总是不停地转换自己的人生方向：今天看别人在这方面成功了，就去跟着干；明天看别人在另外一件事上成功了，又转移目标去干另外一件事，最终却永远编织不出真正的生活锦缎。

在一条街上，有两家经营豆腐的店，一家叫"王记"，另一家叫"陈记"。两家店是同时开张的。

刚开始，"王记"生意十分兴隆，吃豆腐的人得早早排队等候，否则晚了就吃不上了。而"王记"的特点是：豆腐做得很结实，口感好，给的量特别大。

相比之下，"陈记"豆腐就不一样了，首先是豆腐做得软，软得像汤汁，不成形状；其次是给的豆腐少，加的汤多。在很长一段时间里，"陈记"的生意很少有人问津。

一天，一位客人给"陈记"老板提建议说："同样是豆腐店，你家的生意这么差，你何不向'王记'学习，把豆腐做得结实一点、量多一点呢？"

"陈记"老板笑了笑，说道："为何要跟他学呢？现在客人很少，一段时间后，我这里的客人自然会爆满的。"客人不解，就静观其变。

大概一个多月后，"陈记"的门前果然排起了长长的队伍。客人很是好奇，也排队买了一碗，看看碗里的豆腐，仍然是稀稀的汤汁，和以前没什么两样，味道还是之前的味道。老板脸上仍然挂着憨厚的笑，客人就问道："为什么人一下子这么多，有什么秘诀吗？"

"陈记"老板同样笑着说道："其实，我和'王记'的老板是师兄弟。"客人惊讶地问道："那你们做的豆腐不一样呀？"

老板说："是不一样。我师兄——王记做的豆腐确实好，我真比不上，但我的豆腐汤却有几番滋味，将里面加入好几种骨头，再配上调料，经过长时间熬制而成，师兄在这方面就不如我了。当年，师傅告诉我们，生意要想长久，就必须要有自己的特色。师傅还告诉我，'吃'的生意最难做，因为众口难调，人的口味是不断变化的，即使是山珍海味，经常吃也会烦。所以，师傅传给我们不同手艺。这样，人们吃腻了我师兄的豆腐，就会到我这里来喝汤。时间长了，人们还会回到我师兄那里。再过一段时间，人们又会来我这里。这样，我们师兄弟的生意就能比较长远地做下去，并且互不影响。"

客人疑惑地问："你难道就不想把你师兄的手艺学到手，那你的生意不会是更好吗？"

老板却说："能做精一件事就不容易了。有时候，你想样样精，结果样样差。"

一个人一生的精力是有限的，能做的事情也是有限的。莱特兄弟为了让飞机能离开地面，一辈子都没有结婚。他们幽默地说："我们没有时间既照顾飞机，又照顾妻子，一生只能干好一件事。"

这给处于奋斗阶段的年轻人以很深的启示：在奋斗的道路上，一定要专注于一个目标；在前进的过程中，时刻清楚你想要的是什么，然后把你有限的精力全身心地投入到一件事情上，并且"不抛弃，不放弃"，一步一个脚印地去做，最终定会让你品尝到成功的美妙滋味。

007．人伟大，是因为目标伟大

[成功密码]
　　一个人追求的目标越大，他才能发展得越好。

鹰击长空，是因为志在蓝天；志存高远，人生才会绚烂辉煌。凡成大事者必先有远大目标。年轻人放长一段目光，你会扩大一片人生舞台。短浅的目标与狭小的视野，只会限制你的能力，阻碍你向更宽的空间延伸。

什么样的目标决定什么样的人生。卡耐基曾经在他的培训课上指出：

"如果你是一个学员,只为分数而学习,那么你也许能够得到好分数;但是,如果你为知识而学,那么你就能够得到更好的分数和更多的知识。如果你为做生意而努力,那么你可能会赚很多钱;但是,如果你想通过做生意来干一番事业,那么你就有可能不仅赚很多钱,而且会干一番大事业。"

有两个兄弟,哥哥从小就有远大的抱负,总想着长大以后干一番大事业,就想方设法与成功人士交往、沟通,并不断向他们学习致富的方法;而弟弟则不一样,有吃有喝就行,于是,他只与同乡的打交道,找了一份普通的工作,过着安稳的小日子。

一天,父亲给他们两个人每人 30 万。哥哥用这 30 万开了一家小公司,经过一段时间的努力,公司效益很是不错,不久,就成为了当地有名的富翁;而弟弟则用这 30 万买了一辆小车,到处显摆,最终一事无成。

更高的目标,才能催人奋进。如果一个人有较高层次的需求,那么,他的欲望就会高涨,而在行动中就会更表现出积极进取的姿态。反之,长期在低层次需求的环境中生活是不会有什么满足感的,欲望也会随之降低,而无奈感则会与日俱增。

远大的目标可以激发人的潜能。我们每个人都应有过这样的体会:

当你确定只走 2 公里路的目标时,在完成 1.5 公里时,可能就觉得累而松懈了,因为目标马上就要到了,所以人们通常会在潜意识里放松自己。但如果最初的目标是 10 公里,那么你便会做好心理准备,调动各方面的潜在力量,这样你很可能在走完 8 公里时,才会觉得有些累,但是你仍能坚持走到最后。

由此看来,设定一个远大的目标,可以更大程度地激发人的潜能。许多年轻人惊奇地发现,他们之所以达不到自己孜孜以求的目标,是因为他们设定的目标太小,使自己失去主动力,目标的实现就会遥遥无期。

目标高远,让我们不会因自我设限而窒息,不会因达到较低目标后偃旗息鼓,从而让我们积极地追求更大的成功。一个目标远大的人,即使没有达到最终的目标,可他达到的目标往往比设定时的目标大些。因此,歌德说:"就最高目标本身来说,即使没有达到,也比那完全达到了的较低目标,更有价值。"

只有拥有远大目标的人才能够取得伟大的成功。人生的目标就像沙漠中的地图,只要你愿意,那么你自己就可以画,毕竟命运掌握在自己的手中。

小鹰问老鹰:"怎么才能飞得高呢?"

老鹰望了望天空,回答道:"孩子,你只管往高处飞,别去看地平线在哪里。"

对于职场上的年轻人来说,过去所获得的成绩,就如同现在的"地平线",要发挥自身的潜力,获得更大的发展,就必须把眼光放高一点,胆子放大一点,尽可能让目标远大一些。这样目标越远大,越能充分挖掘你的潜能,你的眼界就越宽阔,你的世界就越大,你的思想也就越积极。

戴高乐曾经说过:"眼睛所看到的地方就是你会到达的地方。伟人之所以伟大,是因为他们决心要做出伟大的事。"因此,要使自己的人生精彩些,首先应给自己一个明确的理想,它有足够的难度,但又有足够的吸引力。你愿意为此全力以赴,那么你就可能获得成功。

008. 10年后你会怎样

[成功密码]

　　一个人不能没有生活,而生活的内容,也不能使它没有意义。做一件事、说一句话,无论事情的大小,说话的多少,你都得自己先有了计划,先问问自己做这件事、说这句话,有没有意义?你能这样做,就是奋斗基础的开始奠定。

"10年后你会怎样?"很少有年轻人会这样问自己。但是无论如何,你应该知道10年后的生活是自己现在规划的,今后的生活是自己今天的选择

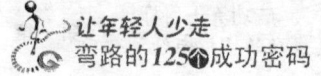

决定的。

人生就是一次短暂旅行,是否做好规划或规划的路线不同,最终到达的终点也就不同。

哈佛大学有一个非常著名的关于规划对人生影响的跟踪调查。

调查的对象是一群智力、学历、环境等条件差不多的年轻人。调查结果发现:27%的人没有规划目标;60%的人规划的目标模糊;10%的人有清晰但比较短期的目标规划;3%的人有清晰且长期的目标规划。

10年之后,哈佛大学又对这群年轻人做了跟踪调查。结果显示:那些3%的人,10年间始终朝着同一个方向不懈地努力,几乎都成了社会各界的顶尖成功人士。其中不乏行业的领袖和社会精英;那些10%的人,在短期目标的激励下,都成为了各个领域的专业人士,大都生活在社会的中上层;那些60%的人,他们过着普通安稳的日子,没做出什么成绩,几乎都生活在社会的中下层;剩下的27%的人,因为没有规划,就得过且过,经常抱怨他人、抱怨社会、抱怨世界。

规划是一种支持你不懈努力的持久力量。没有规划,人生就失去了前进的动力。正如西方的那句谚语所说,"如果你不知道你要到哪儿去,那通常你哪儿也去不了"。

有的人将成功界定在良好的教育背景和先天的环境条件上。虽然这些也是事业发展的基础之一,但远远不能带来真正的成功。成功的事业还需要准确的、计划性的人生规划。

有这样一则故事。

有三个人同时被关进监狱,监狱长说:"现在可以满足你们每个人一个要求。"古巴人爱抽雪茄,所以就要了三箱雪茄;法国人天生浪漫,就要一个美丽的女子相伴;而犹太人说,他只要一部与外界沟通的电话。

几年后,三个人服刑期已满。第一个冲出来的是古巴人,他嘴里塞满了雪茄,并且大喊:"给我火,给我火!"原来他忘了要火了。接着出来的是法国人,只见他手里抱着一个小孩子,还牵着一个孩子,而且那美丽女子肚子里还怀着一个孩子。最后出来的是犹太人，他紧紧握住监狱长的手说："这三年来我每天与外界联系，我的生意进展得很是不错，比之前的利润增长了很多，为了表示感谢，我送你一辆豪车！"

这个故事告诉我们，你今天的生活状态是几年前的自己所规划的，而今天我们的选择就将决定我们几年后的生活。

生命在时间的长河里不断地波动，有的人活得精彩，有的人则活得无奈，造成这一差别的原因很大程度上取决于你最初的选择、最开始的规划。

人生苦短，光阴似箭。对于年轻人来说，你们只有经常考问自己："10年后我会怎样？"提前为自己的人生做好规划，主动创造机会，实现自己的梦想，才不会造成10年后自己的恐慌，20年后自己的挣扎，甚至一辈子的平庸、痛苦。

为此，从今天起，就开始规划你的人生吧，要么就做别人脚底下的泥巴；要么，就做天空中翱翔的云雀……

009. 不断修正和翻新你的人生计划

[成功密码]

世界无时无刻不在运动、变化着，因此，对待梦想，你可以执着但不偏执，对于人生计划，你可以专注，但不能固守。让计划与世界一起翻新，让计划与变化一同修正，你才能快速地驶向成功的彼岸。

欲成功，必执着。执着的目标追求固然是值得称道的。但年轻人如明知道不行，却仍一条道走到"黑"，或几经努力仍无法实现，目标离预期越来越远，或是客观条件让人无法逾越，你还坚持，那就不可取了。

事实上，人生的规划与时代的步伐是相结合的，不是闭门造车。成功的人生规划要以现实为依据，并且应随着社会的变化持续更新，顺势而为，才能走得越来越好。否则，离开了现实条件，再完美的计划都是没有任何意义的。

永动机是指违反热力学基本定律的不能实现的发动机，世界上不存在不消耗能量而能永远对外做功的机器。

英国物理学家焦耳，废寝忘食发明永动机，花了几十年时间，最终还是一无所获。因为"永动机"根本不可能存在，这种假设缺少现实依据，本身就违背了物理学上的能量守恒定律，因此单独从发明永动机的目的而言，这是无意义的。

年轻人应该明白，成功的人生计划离不开社会，同时也不能离开对自己的客观分析，这样才能让它更符合、贴近我们所要追求的理想。

爱因斯坦进入苏黎世联邦工业大学，立即为自己拟订了一份人生规划，内容如下：

第一，我用四年的时间学习数学和物理，我希望自己成为自然学科中某些学科的教授，我将选择理论性学科。

第二，我制订计划的理由：

1. 喜欢抽象思维和数学思维，缺乏想象和对付实际的能力。

2. 这是我自己的愿望，它激励我作出类似的决定，以考察我的毅力。很自然人总是喜欢干他有能力做的事。另外，科学工作很有独立性，这适合我意。

计划拟定完毕以后，爱因斯坦并不是原原本本地照搬下去，而是在大学学习中不断地修订自己的"蓝图规划"，使每一项都更切合达到目标的需要。比如，他经过自我的审视和严密分析，觉得自己更喜欢物理而不适合数学，于是他果断作出选择，不得不放弃数学而专攻物理。

结果经过爱因斯坦的不断努力，他终于登上了事业的顶峰。

成功的人生规划要求年轻人必须时时审视内外环境的变化，考虑一切存在的可能、根据变化随时调整自己的计划，不要太过用力抓住自己的梦想，给它更多的空间，这样才能创造更加美好的未来。

第二章

行动创造未来

——行动是成功的"点火器"

010. 话说千遍，不如向前一步

[成功密码]

不管事实有多么地苦涩，仔细分析实际情况，然后作出决定，一旦你作了决定，就要全力实施它。千万不要浪费任何时间去担忧决定是否正确，设法把它做对就可以了！

一张地图，无论它多么精密、多么详细，绝不能够带你到地面上的一寸一土；一块璞玉无论它多么稀有，未经雕琢它绝不会变成价值连城的美玉；一架机器，绝不会自动为你赚一分钱，只有行动，才能哺育成功。

成功始于心动，成于行动。行动是通天的阶梯，是过河时的小桥。行动是成功背后的大树，是荣誉背后坚强的后盾。现实中大多数年轻人有这样一个毛病，那就是说了许多空话，却总是行动不起来。这是一个十分可怕的毛病，它能让人失去信任，做不出任何成绩。成功者必是行动者。犹太人占全球的1%，但全球7%的财富在他们手中，因为他们是行动的主人。

成功不会等待。正如培根所说："好的思想，尽管得到上帝赞赏，然而若不付诸行动，无外乎痴人说梦。"当你们遇到好的想法时，应毫不迟疑地立刻付诸行动，否则，它会投入别人的怀抱，一切美好的愿景也都只是虚无缥缈、可望不可即的海市蜃楼。

记者曾问一位成功人士："请问，您成功的主要原因什么？"他回答说："行动！"

"请问，您遇到挫折时是如何处理的？"记者又问。

"行动！"他回答说。

记者再一次问："您是如何面对挫折的？"

他回答:"行动!"

记者继续问道:"能不能告诉我您成功的秘诀是什么?"

他还是回答:"行动!"

成功其实很简单,那就是行动。工作中难免会遇到诸多困难、挫折,但唯有行动,才能让你独占鳌头,尽享成功的荣誉。

春种一粒粟,秋收万颗子。一分耕耘、一分收获。播下一个行动,你将收获一种习惯;播下一种习惯,你将收获一种性格;播种一种性格,你将收获一种命运。一百个空想家抵不上一个实干家,世界上所有伟大的发明,都是在人们大胆想象之后付诸行动而来:贝尔发明电话,是经过无数次试验得来的;日心说若没有经过哥白尼日复一日的观测行动也无法问世;如果没有瓦特积极地探索,蒸汽机就不会被发明,也不会有轰轰烈烈的工业革命。

改变世界始于一个举动。歌德说得好:"只有投入,思想才能燃烧。"一旦开始,完成在即。决不拖延,立即行动!

杰克·坎菲尔德曾经通过一个现场演示来说明这个道理。

有一次,杰克·坎菲尔德拿出一张面额100的美钞,然后说:"这里有100美元,谁想得到它?"

在场的所有人都举起了手。但杰克·坎菲尔德没有任何行动,只坐在那儿,手里一直举着那张100美元,最后又问了一句:"有谁真的想得到这100美元吗?"

过了一分钟,有人从座位上站了起来,走上前,等着杰克·坎菲尔德把这100美元送到手上。

可是杰克·坎菲尔德还是没有动。

最后终于有人跳起来,从他手里把这100美元拿走。杰克·坎菲尔德对观众说:"他刚才的所作所为和其他人有什么不同吗?答案就是,他离开了座位,采取了行动。"

成功犹如美钞一样,是非常诱人的,然而只有行动的强者,才能叩开成功的大门。人人都想得到美钞,但只有行动才能缩短自己与目标之间的距离，只有行动才能把理想变为现实。

千里之行，始于足下。万事俱备，只欠东风，那是弱者的口头禅。我们何不背起勇气的行囊，驾乘恒心的小舟，荡起信心的双桨，去迎接黎明前的曙光呢？坐等时机，无疑于堵死了自己前进的道路。一百个想法，不如一次行动，一次行动就足以让你进步。世界著名大提琴手巴布罗·卡沙斯在获得举世公认的艺术家头衔之后，仍坚持每天练琴6小时，养成了"行动再行动"的良好习惯。有人问他为什么仍然还要练琴，他的回答很简单："我觉得我仍在进步。"成功没有终点，独有行动才能使它前进。

人们赞叹金字塔的雄伟，却忽略了修筑金字塔时的艰难；人们惊羡成功者的光环，却很少探究成功背后的秘密。谁都想被鲜花簇拥，但是你做好了为此付出行动的准备了吗？

011. 别做语言上的巨人、行动上的矮子

[成功密码]

行动是通向成功的唯一捷径，切忌做语言上的巨人、行动上的矮子。

克雷洛夫说过："现实是此岸，理想是彼岸，中间隔着湍急的河流，行动则是架在河上的桥梁。"想要抵达理想的彼岸，唯有行动，才能创造五彩的年华；唯有行动，才能奏响生命的乐章；唯有行动，才能绽开美丽的花朵。

德谟斯乔斯是古希腊的雄辩家，有人问他雄辩术的首要之点是什么？他说："行动。"

第二点呢？

"行动。"

第三点呢？

"仍然是行动。"

……

要取得成功,光会说是不行的,最基本的就是行动。如果自己只耍些不切实际的"嘴上功夫",永远不付诸行动,那么永远也体会不到成功的喜悦,更诠释不了自己的人生价值。正如伏尔泰所说:"鹦鹉是鸟类中最能说话的,但却不是最能飞的。"

从前,有一个希腊人没有口才,可是非常诚实。

有一天开大会,许多人做了精彩的长篇演说,许诺说要办许多大事。轮到这个人发言,他站起来,憋了半天只说出一句话:"大家说的事情,我都要做!"

空谈是默默无为的根源,实干才是孕育成功的种子。所有规划、目标都要付诸行动。只有付诸行动,理想的风帆才能驶向成功的彼岸,成功的鲜花才会绽放。

一座荒芜了的花园里,美丽的池子干得见底了,美丽的花木枯萎尽了,荷叶变得焦黄,喜鹊也没了踪影。除了蟋蟀在草丛中悲鸣,只有那岩石中的杂草胡乱生长着。

有一天,有几个人来到园中玩耍。

他们看见这座美丽的花园出现这样的凄凉情况,个个脸上都显出惋惜的神色,大家都下定决心一定要把它整理好。于是,商量怎样改造这座荒芜的花园。

游人A说:"应该先把乱石中的杂草除掉,然后才能把花木栽下。"

游人B说:"不然。应该先把花木运来,然后去铲除杂草,因为这样比较快一点。"

游人C说:"我表示同意A君的话,杂草如果不先除去,佳木好花是决不能栽种的。"

其余的人说:"不然。你的话错了。我赞成B君的意见。因为……"

他们各举了许多理由,互相辩论着,还引了许多例子来证明他们的话,由早餐的时候一直辩论到正午,家家炊烟起了,还没有停止;甚至于因为意见不合,互相谩骂……甚至扭打在一起。

而游人 D 看到美丽的花园变得如此凄凉,眼中不禁掉下了泪水,于是,拿出来随身携带的笔和纸,写出了几个方案,然后选出了一个好操作的方案,从附近人家借来了工具,慢慢地整理了起来,不一会儿,花园又渐渐地恢复了原来的样子。

做人、做事切忌做"理论上的巨人、行动上的矮子"。口头理论再好,如果只是坐而论道、光说不练,永远也产生不了任何效果。

现实生活中,不少年轻人都怀揣着自己美丽的梦想。如果是空谈,凭空是造不起玉宇琼台、雕栏花榭的。一切愿景只能是空中楼阁、海市蜃楼的虚幻罢了。

梦想中的王冠、成功时的光环,奏响生命谱就的乐曲,这是行胜于言的力量。雄鹰选择了翱翔苍穹,便拥有了孤绝华美的身影、傲视天际的威势;蝉以"知了"自居,便只能独鸣于枝头、碌碌无为。豪言壮语谁都会说,可那只是一肚空话、一腔热血、一纸滥语,成不了你开启成功的钥匙。

言必行,行必果。年轻人如果想成就一番事业,就该做到不驰于空想、不骛于虚声,而唯求实的态度、做踏实的功夫。

012. 人生难得几回搏,该出手时就出手

[成功密码]

　　生活中的大多数人,要么为昨天懊恼,要么为明天担忧,为什么我们不肯为今天的面包上涂上厚厚的果酱呢?

人性本是放纵、散漫的。

大多数年轻人之所以碌碌无为,是因为他们总喜欢"等一等""明天

再做",拖延时间,不付诸行动,最终只能在拖延中蹉跎。正如塞万提斯所讲:"取道于'等一等'之路,走进去的只能是'永不'之室。"

拖延,只能落后于人;拖延,只能一事无成;拖延,是吞噬生命的恶魔。拖延,可以把事业拖垮;拖延,只能让他人领先。任何憧憬、理想和计划,都会在拖延中落空。对于人生,现在过的每一天,都是余生中最年轻的一天;对于工作,该出手时就出手,是唯一避免拖延的办法。

有这样一个故事。

一位青年画家把自己的作品拿给大画家柯罗请教。柯罗指出了几处他不满意的地方。

"谢谢您,"青年画家说,"我明天全部修改。"

柯罗激动地问:"为什么要明天,您想明天才改吗?要是您今晚就死了呢?"

人生短暂,不容蹉跎。遇到问题就该立即处理,而不要把它推到明天。因为大家都知道,明天永远不会到来。今天最有价值,只有今天,才能描绘意想中明天的画卷。

美国哈佛大学人才学家哈里克说:"世上有93%的人都因拖延的陋习而一事无成,这是因为拖延能杀伤人的积极性。"拖延实质上是一种极其有害于工作和生活的恶习。拖延只会侵蚀你们的意志和心灵,阻碍你们潜能的发挥。

希腊神话告诉人们,智慧女神雅典娜是在某一天突然从丘比特的头脑中一跃而出的,跃出之时雅典娜衣冠整齐。同样,某个高尚的理想、有效的机会、宏伟的目标也是在某一瞬间从一个人的头脑中跃出的,这些事物刚出现的时候也是很完整的。但有拖延恶习的人迟迟不去行动,而是留待将来再做。这时,好的机会就犹如昙花一现,稍纵即逝,错过之后只能后悔莫及。相反,对于那些具有积极心态的人,总能趁着热情最高时就去把理想付诸实施,最终借助机会获得成功。

一个成功的艺术家总能把那么迅速闯入脑海的一个个神奇美妙的幻

想，在那一瞬间将它们画在纸上，所以获得了意外收获。

但如果是拖延，不愿趁热打铁、立即行动并在当时动笔，灵感往往转瞬即逝，那么在接下来的日子里，即使再想画，那留在他思想里的好作品或许早已消失了。

生活中，年轻人有着种种憧憬，如果你们能将这些憧憬迅速加以执行，必将迎来硕果累累的秋天！相反，如果是坐等其成，只能虚度光阴，一事无成。人生难得几回搏，年轻人在工作中该出手时就出手，绝不能拖延、怠慢。

013. 两手插在裤袋里的人，永远爬不上成功的阶梯

[成功密码]

成功开始于你的想法，圆梦取决于你的行动。起而行，胜于坐而想，一百个想法不如一个行动。再完美的规划，如果不将之付诸行动，结果只能为零，任何成功都是从一步步实践中走过来的，行动是成功的第一步。如果你觉得自己一切就绪，那就开始将你的想法付诸行动吧！行动不需要理由，唯一的理由就是你准备好了吗？行动需要勇气和魄力，只有行动才有成功的可能。

人生两大悲剧：一是万念俱灰，而不思进取；一是踌躇满志，却只想不做。

成功如同一架梯子，那些一边想象自己站在云端，一边把双手插在口袋里的人，永远也爬不上去。成功不是想来的，是靠手脚并用的行动换来的。成功者多数是敢于把想法变成行动的人，年轻人永远要明白，任何时候只想不做的人都达不到成功的彼岸，永远爬不上成功的阶梯。只有行动起来，并且脚踏实地地走下去，才能为成功创造条件。

有人问一位古希腊伟大的思想家："你成为一位伟大的思想家，成功

的关键是什么?"

"多思多想。"这位思想家回答。

这人满怀心得,回去躺在床上,望着天花板,一动也不动,开始多思多想。

一个月后,这个思想家在回家的路上,碰见了那个人的母亲,她对思想家说:"求你去见我儿子一面吧,他从你那里回来后,就像中了魔一样了,整天不吃不喝,望着天花板发呆。"

思想家到了那人的家一看,只见那人变得骨瘦如柴,拼命地挣扎起来,对思想家说:"我除了吃饭,一直在思考,你看我离伟大的理想还有多远?"

"你整天只想不做,那你思考些什么呢?"思想家问。

那人道:"想的东西太多,头脑都装不下啦!"

"我看你除了脑袋上长满头发,收获的全是垃圾。"

"垃圾?"

"只想不做的人只能生产思想垃圾。成功是一把梯子,双手插在口袋里的人是爬不上去的。"思想家语重心长地回答。

是的,成功是陡峭的阶梯。两手插在裤袋里是爬不上去的。成功不是想来的,你以那种成功会光顾你的状态,成功永远不会来。

在工作中,很多员工都有好的想法或创意,但他们疏于行动,不愿把想法或创意在工作中去实现,因为那样有可能比一般工作更耗费他的精力和时间。为了图个"清闲"和"安逸",他们便把好的想法和创意当成"垃圾"一样扔掉。当然,这些只想不做的人最终是无法获得真正的成功的。

行动比思想更富有力量,一个人不管有多么丰富的想象计划,最终都必须落实到行动中来,这样才能获得成功。

俄国伟大作家契诃夫十分注意积累生活素材,随时把听到、看到或想到的一些事情记在一个本子上,称之为"生活手册"。

有一次，契诃夫听一位朋友讲了一个笑话，他笑出了眼泪。他一边笑着，一边拿出"生活手册"，恳求说："你再讲一遍吧，让我把它记下来。"从而变成了伟大的文学家。

又比如：

大家熟悉的莱特兄弟，自从有了造飞机的构想以后，就十年如一日地筹款、筹设备、做实验、制造，到最后的成功试飞。他们的名字就这样载入史册被大家铭记，他们为了梦想而努力，为了梦想而付出了行动，他们正是行动的巨人。

成功好比一把梯子，那些把双手插在口袋里的人是永远也爬不上去的。因此，凡事立即行动，当你养成这样的工作习惯时，你就掌握了个人进取的主动权。无论做什么事，只要积极主动地去做，没有达不到的目的。

培根曾说："好的思想，尽管得到上帝赞赏，然而若不付诸行动，无外乎痴人说梦。"有多少想法、多少梦想、多少好打算，必须付诸行动，没有行动的梦想是空想，只想不做只能让你觉得焦虑与无力。年轻人想要成就一番事业就要杜绝空想，一旦有什么计划，不要坐等"万事俱备"，一定要坚决地去执行。只有走出了第一步，才能把"0"变成"0.1"，进而发展成为1、10、100……最终达到预期的目标。

014. 天才的"基因"

[成功密码]

领袖不是天生的，而是可以训练出来的！

曾经有过这样一个实验。

实验是法国凯恩大学的佐瑞欧·马佐尔博士和其同事在不久之前共同进行的，实验对象是一位名叫瑞格·盖姆的数学天才。瑞格·盖姆有着超常的计算能力，他能够在数秒内计算出一个10位数的5次根；在同样短的时间里，他还能够计算出一个2位数的9次方；而在被要求将一个整数除以另一个整数时，他能毫不迟疑地讲出精确至小数点后6位数的答案。

佐瑞欧·马佐尔博士的实验过程，就是在这位数学天才进行计算表演时，对他的大脑活动情况进行精密的检测。通过运用正电子放射层X线照相术，佐瑞欧·马佐尔发现：与常人相比，瑞格·盖姆在计算表演时的大脑活动部位多出了5个。由于可以使用这种额外的记忆区，所以他可以避免发生常人易犯的计算错误。由此看来，所谓天才的"特殊基因"似乎的确是存在的，可是我要告诉你，现年26岁的瑞格·盖姆并非生来就具备这种超强的计算能力。20岁时，他还是一个与常人没什么两样的普通青年。20岁之后，他才接受了一位专家的训练：每天都进行4个小时的记忆练习。只不过短短的六年时间，原本与常人无异的他便成了人人惊叹的数学天才。

除了上述实验之外，佐瑞欧·马佐尔博士及同事还对瑞格·盖姆进行了他所不熟悉领域的技能测试。结果证明，他根本没有任何不同于常人的表现。

无独有偶，匈牙利人也做了一个得出类似结论的实验。

匈牙利的拉兹罗·波尔加及其夫人，也用试验证实了这一点——当地的人们普遍认为女子不宜参加激烈的西洋棋比赛，而他们却把3个经过严格心理训练的女儿培训成了具有世界级水准的西洋棋大师。

看来，任何人只要在某一方面经过足够的训练，都可能成为这方面的天才，正如阿里克森教授所说："天才的能力不是天生的，那种貌似天才的表现，是能够通过训练刻意培养的。"所谓天才的"基因"，就是天才们不同于常人的刻苦努力与全身心地投入行动。做到这一点，平凡的我们也终会撞开天才的大门。

牛顿是天才；莫扎特、贝多芬是天才；爱因斯坦、爱迪生是天才，托尔斯泰、马克·吐温是天才；生活中我们每个人都是天才，只要你加强行动，不断训练自己，你就可能在某一领域做出非凡的成绩。

天才是在工作中训练出来的。天才之所以是天才，就是因为他们用特殊的方式把自己训练成了与众不同的人。生活中，我们经常会听到一些话："他一定很有天分"、"他一定有优良的基因"、"他有着与生俱来的能力"……年轻人不要再拿基因当借口了，智商大致有一半是遗传的，另一半则是后天环境因素影响所致。同时，一个人生活中成败的许多变数是受智商的影响，但大部分变数则在智商的影响之外。

天才不是天生的，而是后天培养的。有人换算出非常具体的造就天才的公式：一万小时的"深度训练"，即大约十年的专业训练，是你在任何一个领域达到"世界水平"的最低要求。年轻人多多行动，在行动中造就你的天才本领吧。

015. 不想出汗，休想吃饭

[成功密码]

永远是你采取的行动让你更成功，而不是你观望了多长的时间，这些对你毫无意义，因为它们还没有被转化为行动。

从前有一位老农，临死的时候把他的几个儿子叫到床前，并对他们说："我很快就要离开你们了，我不知道你们能否在我去世之后比现在过得更好？我担心将来你们会受苦，因此我在我们家的那块地里埋下一坛金子，我死后你们就把它挖出来分了吧！"

老人去世后，儿子们便一齐在老人所说的土地上挖金子，然而，他们翻遍了每一寸土地，却始终没有找到那坛金子，他们很是失望。恰逢播种的季节来临了，由于他们深翻了地，庄稼获得了前所未有的好收成。

此时，他们才恍然明白父亲的良苦用心，虽然他们并没有找到金子，但是却找到了比金子更有价值的东西。汗水洒泥土，种出幸福花，一分耕耘，一分收获。

世间万物都遵循着一个规律：从出生、成长、建立、维持、衰退到最后的死亡，都是自然界的法则，人的一生也如此，犹如四季的变化。若将人生视为植物成长，你便会发现人生的历程在自然法则中也是环环相扣，没有春耕、夏播，哪有秋收与冬藏？

天下没有免费的午餐。没有付出辛勤的汗水，就没有累累的果实。为了那一分收获，为了生活中有着甜美的午餐，我们需要在生活中不断耕耘、不断付出，为自己制作出可口的午餐。

雅典著名演说家德摩斯梯尼天生说话口吃，嗓音低沉，但是他为了圆他当演说家的梦,成年累月地刻苦练习着。他在大海边练习要求自己的声音高于海浪声;为了声言清晰,他把石子含在嘴里练。就这样,并没有演说天赋的德摩斯梯尼终于成了一位受人欢迎的演说家;达·芬奇画出的鸡蛋不是一次次乱涂鸦,在他很失败时,他脚踏实地认认真真练习,苦练基本功,最后才成为赫赫有名的画家;爱迪生不停地工作,发明了电灯;居里夫人孜孜不倦地探索终于发现了镭。

无数成功者的经验告诉我们,一分耕耘,才有一分收获。然而,不采取行动,光凭借优越的条件、超人的才干,到头来收获的只能是"空悲切"了。年轻人行动起来,一切才有可能;行动起来,成功才会与我们相拥。如果不付诸行动,梦想对于我们毫无意义,再完美的计划也于事无补,我们的目标遥不可及。

行动,才可以创造你五彩的年华;行动,才可以奏响你生命的乐章。只有行动才能缩短自己与目标之间的距离,只有行动才能把理想变为现实,只有行动才能让种子开花结果。做好一件事,既要心动,更要行动,只会感动羡慕,不去流汗行动,成功就是一句空话。正如哲人所说:"想得好是聪明,计划得好更聪明,做得好是最聪明又最好。"

016. "不犹豫",从而"不后悔"

[成功密码]

人生是一场未知的旅行,别站在人生的十字路口徘徊不定、犹豫不决,而是要立即行动,果敢地勇往直前,你才能去欣赏每一刻的风景,这就是无悔的人生。

在生活中碰到问题,一般有两种处理方法:一是果断处理;二是犹豫不决。前者能够及时解决问题,为下一步工作做好充分的准备,而后者在做事上既耽误了时间，又失去了做事的最佳时机。

天下最可悲的事情就是后悔。许多年轻人把不成功归结到当时没有去行动。为了避免这样的悲剧发生，有了心动的想法就千万不要犹豫，而是立即行动。正如一位忧郁成疾的哲学家的感慨一样，在临死前，留下的一段对人生的批注：如果将人生一分为二，那么我们前半段人生哲学应该是"不犹豫"，而后半段的人生哲学应该是"不后悔"。

曾经有一位颇负盛名的哲学家，迷倒了众多女子。

一天，一个漂亮的女子来敲他的门，说："让我做你的妻子吧！错过我，你将再也找不到比我更爱你的女人了！"哲学家虽然也很喜欢她，但仍回答说："让我考虑考虑！"

事后，哲学家用一贯研究学问的精神，将结婚和不结婚的好处和坏处分别罗列出来，却发现两种选择好坏均等，真不知该如何选择。

于是，他陷入长期的苦恼之中，无论又找出了什么新的理由，都只是徒增选择的困难。

最后，他得出一个结论：人若在面临抉择而无法取舍的时候，应该选择自己尚未经验过的那一个。不结婚的处境我是清楚的，但结婚会是个怎样的情况，我还不知道。对！我该答应那个女人的央求。

哲学家来到女人的家中，问女人的父亲："你的女儿呢？请你告诉她，我考虑清楚了，我决定娶她为妻！"女人的父亲冷漠地回答："你来晚了10年，我女儿现在已经是3个孩子的妈了！"

哲学家听后犹如晴天霹雳：我这么苦苦冥思，充分运用智慧得出的结论，竟然是一场悔恨。而后，哲学家抑郁成疾。临终，他将自己所有的著作丢入火堆，只留下一句对人生的批注：如果将人生一分为二，那么前半段人生哲学该是"不犹豫"，而后半段的人生哲学该是"不后悔"。

自以为"聪明"的人往往忘记了高贵的头颅也是由双脚来带动的，他们太自负、太依赖于自己的思想，往往因此忽略了行动这一重要的因素。

要想获得成功，不光是靠智慧，最基本的就是行动。因为成功之门是永远关闭着的，开启它，你必须果断采取推或拉的行动。

爱尔兰女作家玛丽·埃奇沃斯曾经写道：

"没有任何一个时刻像'现在'这样重要，不仅如此，没有'现在'这一刻，任何时间都不会存在。没有任何一种力量或能量不是现在这一刻发挥作用。如果一个人没有趁着热情高涨的时候采取果断的行动，以后他就再也没有实现这些愿望的可能了。所有的希望都会淹没在日常生活的琐碎忙碌中，或者会在慵懒闲散中耗掉。"

威廉·慧德说："如果一个人面对着两件事犹豫不决，不知道先去做哪一件事情好，那么，他最终将一事无成。他非但不会有什么进步，反而还会后退。唯有那些具有如恺撒一般的特性——先聪明地斟酌，再果断地决定，然后坚定不移地去行动的人，才能在任何岗位上做出卓越的成绩来。"亚历山大从不犹豫，勇于行动，注定要成就亚细亚王的伟业；林肯办事果断，最终成为一代领袖。

"犹豫不决"是毁灭你行动力的元凶。卡耐基研究的一份分析3000名尝到败果的人的报告显示，"犹豫不决"几乎高居各种失败原因的榜首。因此，年轻人要想获得成功，唯有果断行动，你的人生才不再像一叶飘荡在海中的孤舟，而会像风浪中的重锚，让你的生命之舟在暴风猛浪的袭击中坚如磐石。

第三章

不可弃的机遇

——机遇是成功的"导火线"

017. 抓住机遇，获取成功

[成功密码]

想要成就大事，机遇是极为重要的，但机遇可遇而不可求，只有抓住机遇，趁势而为，方能达到最终的成功。

机遇是什么？是一把钥匙，是一座舞台，是渡海的帆船，是攀登的阶梯，是轻盈的风，是唾手可得的猎物，是难以兑现的支票，是开垦者手中粗笨而实用的镢头，是阿里巴巴唤开宝库的符语，是不速之客，是东躲西藏的神秘精灵，还是命运的恩赐？

机遇是成功的关键。机遇能给成功者带来财富，也能给失败者带来希望。成功的机会在每个人面前都是均等的。一次的错过足以让你身败名裂，当然，一次的把握也足以让你辉煌一生。

机不可失，时不再来。生命属于你，它需要热情；机遇却不一定属于你，它拒绝冷漠。现实中，很多年轻人，当机会朝他们冲奔而来时，往往前思后想、左顾右盼、犹豫不决，机遇在优柔寡断中失去了。

布莱克在《结婚戒指》中写道："如果你在时机成熟前过急行动，你将必得去擦抹悔恨的眼泪；而如果你放过一次成熟的时机，你将永远抹不干懊丧的眼泪。"机遇就像一个蒙着面纱的女人，你必须要知道如何寻找她、捕捉她，知道投其所好，先于他人，乘胜追击，才能最终俘获她的芳心，掀起她的盖头来，才能目睹她对你灿烂的微笑。

在生活中，成功与机遇总是联系在一起，许多伟人或名人的成功往往得益于机遇。从历史上看，这种实例也确实很多。

19世纪中期，一股淘金热潮在美国西部悄然兴起。成千上万的淘金者涌向那里寻找金矿，幻想能一夜暴富。

不可弃的机遇
——机遇是成功的"导火线"

一个名叫瓦浮基，大约十来岁的穷孩子，也准备去碰碰运气。因为家穷，买不起船票，瓦浮基就跟着大篷车，忍饥挨饿地奔向西部。不久，他到了一个叫奥丝丁的地方。这儿金矿确实多，但是气候干燥，水源奇缺。找金子的人最痛苦的是拼死苦干了一天，连能滋润嘴唇的一滴水甚至也没有。抱怨缺水的声音到处弥漫，许多人甚至愿意用一大块金币换一壶凉水！

从这些找矿人抱怨的声音中，瓦浮基得到了一个十分有用的信息。他寻思着："我何不去找些水来，卖给这些每天找矿下来渴得要命的找矿人，这不正是一个赚钱的好机会吗？一方面卖水给这些找矿的人喝，或许比找金子更容易赚钱，另一方面由于自己身单力薄，干活儿比不过人家，来了这么些天了，弄得疲惫不堪，但仍然一无所获，况且自己挖渠招人，比找金矿容易多了，而自己一定能够做到。"

说干就干，瓦浮基买来铁锹，挖了口井打水，他将凉水经过过滤，变成了清凉可口的饮用水，再卖给那些找金矿的人。在短短的时间里，就赚了一笔数目可观的钱。后来，他继续努力，成为了美国小有名气的企业家。

西方有句谚语："机遇只敲有准备的人的门。"还有巴尔扎克说过："机会来的时候像闪电一样，全靠你不假思索地利用。"这一切都告诉我们：机遇短暂如朝露，在阳光洒落之际转瞬而逝；机遇总是垂青有准备的人。机遇就埋藏在我们前进的路上。年轻人，做一个有准备的人，当机遇一旦降临在你的面前的时候，你就不至于手足无措。珍惜它、把握它，才能耳闻胜利的号角之声！

拿破仑·波拿巴，法国18世纪著名政治家、军事家。可他原来只是一个普通的尉级军官。1793年，他前往前线，参加进攻土伦的战役。正当革命军前线指挥官面对土伦坚固的防守犯难的时候，拿破仑立刻抓住这个机会，向长官提出了新的作战方案，他成功地运用炮战打退了敌人如潮水般的疯狂进攻，后来被晋级为将军，一下就成了风云一时的军事名人，并且后来一手缔造了强大的法兰西帝国，创造了前无古人的千秋伟业。

人生苦短，万物一瞬。人不可能两次踏进同一条河里，机遇总是止步于青山绿水处，让人驻足倾听悦耳动听的鸟鸣，流连于山穷水尽处，给人柳暗花明又一村的希望。当校园风景渐渐成为你们的毕业照背景，日暑一天天成为你们的倒数器时，不要忘了你们正处于最好的时机，不要错过了你们最好的青春，现在正是你们实现梦想的时候。梦想并不是遥不可及的。当破晓的光晕升起，当你再一次踏入潮动的人流中时，别忘了抓住最好的时机，用热泪挥洒青春，去创造另一个大风起兮云飞扬的时刻。

018. 好奇带来机遇

[成功密码]

　　观今鉴古，许许多多的成功人士都是靠机遇而成功的，那么是什么带来了机遇？当然是好奇心，好奇心给我们带来机遇，机遇使我们踏上成功的列车。成功永远属于那些有着强烈好奇心，并有成功欲望的人。所以让每一个年轻人都怀着一颗强烈的好奇之心共同探索美好的未来。

　　是好奇，让牛顿因一只苹果而发现了万有引力；是好奇，让爱迪生不懈探索用以点亮世界的灯芯；是好奇，让伽利略对吊灯摇摆加以研究，使物理学取得了新的突破。居里夫人说："好奇心是学者的第一美德"；爱因斯坦说："自己没有别的天赋，只有强烈的好奇心"；爱迪生说："谁丧失了好奇心，谁就丧失了最起码的创造力。"

　　好奇带来机遇。因为好奇，所以探索；因为探索，所以多了一次机会；因为多了一次机会，所以便多了一份收获。

　　曾经有一名珠宝富商，在他临终前给了儿子一笔钱，对他说：珠宝生意是最赚钱的，希望他能够将珠宝生意继续经营下去。但是，他的儿子对任何事物都充满好奇心，虽然答应了父亲的请求，但是他决定做别的事，看是不是像父亲所说的。

　　不久，他看见临街的服装生意红火，并且衣服年年都有人买，于是，

不可弃的机遇
——机遇是成功的"导火线"　　第三章

好奇心让他放弃了珠宝生意，转身而做起了服装的买卖，虽然赚的没有珠宝买卖多，但是也赚了一些。但是，他的好奇心没有变。后来，他发现邻居餐馆开得不错，为什么我不能开餐馆呢？

他又决定转投餐饮业。过了两年，他也赚了点钱。

有一天，他突发奇想，干了这么多行业，再干房地产试试。于是，他决定买一块地。他想看看自己是不是在最后的好奇心中得到巨大的收获。

几年后，土地附近建起了公路、学校、商场，这片土地在短短的几年内价格上涨了几千倍，商人赚了比做珠宝买卖多得多的钱。

好奇心给这位商人带来了好的发展机遇。综观世界，杰出的成功者，他们起初都是一个充满好奇心的人，因此，后来都创造了机遇，获得了成功。

亨利·福特在学校里常常心不在焉。有一天，他和一个小朋友把一块手表拆开了。老师很生气，让他们放学后留下来，把表修好才能回家。当时这位老师并不知道小福特的天才。只用了十分钟，这位机械奇才就把手表修好，走在回家的路上了。

福特对各种东西的工作原理总是很感兴趣。曾有一次，他把茶壶嘴用东西堵住，然后把茶壶放在火炉上。他便站在一边等候着会出现什么情况。当然，水开后变成了水蒸气。因为水蒸气无处逸出，茶壶便爆炸了，因而打碎了一面镜子和一扇窗户。这个小发明家也被严重地烫伤了。

多年后，福特的好奇心和他的动手能力使他得到了回报。他曾经梦想着去制造一辆无马行进的车。他造成了一辆这样的车后，运输界发生了永久性的变化。

生活中类似这样发明创造的例子可谓是不胜枚举。只要有好奇心的存在，就有发明创造的机遇。打开人类历史发展的长卷，我们不难发现，好奇心是成功者获得成功的可贵品质之一。可是，在现代职场里，大多年轻人对工作并没有强烈的好奇心，从而失去了学习、探讨和改正自我的机会。

机遇大多数是悄无声息的，你必须善于发现它，要有识机会的慧眼。机遇稍纵即逝，所以机遇往往垂青于那些对任何事情都抱有好奇心的人，而那些对任何事情都枉然不闻的人，却在机遇来到身边的时候还在抱怨说

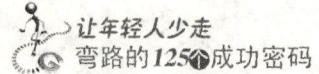

没有一个好机遇。

观今鉴古,许许多多的成功人士都是靠机遇而成功的,那么是什么带来了机遇?当然是好奇心,好奇心给我们带来机遇,机遇使我们踏上成功的列车。成功永远属于那些有着强烈好奇心,并有成功欲望的人。所以让每一个年轻人都怀着一颗强烈的好奇之心共同探索美好的未来。

好奇心是上天赐予人类最宝贵的特质。因此,年轻人要呵护好奇、鼓励好奇、培植好奇,让好奇化在漫漫人生路中,时刻嗅出成功的芬芳。

019. 推开虚掩的门

[成功密码]

生活中,机遇如同一扇扇虚掩的大门,需要你们多一些信心、多一些坚持、多一些勇气,伸手轻轻推开。

门看着是关住了,很多人以为房子里没有人,可惜大部分年轻人或匆匆而过,或熟视无睹,或欲推又罢。其实,走近一看,门却是虚掩着的。人们习惯被表象迷惑,机遇往往就隐藏在表象的背后。只有极少的人,注意到了身边的门且伸出了手,于是,登堂入室,体验到了成功的快乐。

一家公司因业务的发展需要,决定招聘一名业务经理,但有三个应聘者得到试用的机会,面试官们在决定:该留下谁?其中一名主考官说了一句话然后就离开了。他叮嘱三位应聘者一件事:公司的走廊尽头有一间小屋,大家谁都不要进去。

因为主考官的提醒,三位应聘者才注意到走廊尽头的那间小屋子。应聘者甲心想:一定不要进去那个屋,否则他肯定要走人。应聘者乙的反应是:想进去,也没钥匙呀!应聘者丙则是一位大胆、好奇的年轻人,为什么呢?应聘者丙感觉奇怪,很不理解,好奇心促使他非要去看个究竟不可。

他悄悄来到房间门口，轻轻敲门，没有反应，再用手一推，门竟然开了。房间里摆了一张桌子，桌上放了一个牌子，上面写着"把纸牌送给面试官"几个字。应聘者丙十分困惑地拿起那张纸牌，径直来到面试官办公室。出乎意料的是，面试官不仅没有批评他的"鲁莽"行为，反而满脸笑容地宣布了一项令人震惊的决定——"从现在起，你已经被录用了"。后来，那个年轻人果然不负众望，把业务工作干得风生水起。

这个故事告诉我们，生活中不乏有看似被虚掩的机遇之门。一味地畏惧退缩、循规蹈矩，只会丧失更多的大好良机。有时，生活工作中的所谓的"禁区"，对于那些敢于挑战、勇于进取、充满自信的人来说，却是一块未曾开拓的土地，只要你去勇敢地叩开，结果会是另一番天地。

推开虚掩的门，需要勇气；推开虚掩的门，需要坚持；推开虚掩的门，需要自信。推开虚掩的门，这一小小的举动需要鼓足多少勇气、付出多少艰辛、培养多少信心。年轻人在生活工作中，不要再为了失去机遇而懊恼，问问自己：心中那扇虚掩的门，自己是否真正推开过、跨越过、走进过？

有这样一个故事。

美国有个大魔术师，他有一手绝活。他能在极短的时间内打开无论多么复杂的锁，而且从未失手。

一天，有人对他说，这儿有一把世界上最好的锁，没有钥匙，无论如何也打不开。

魔术师对这人的话不屑一顾，心想：还没有我开不了的锁。于是他让这个人把他关在屋子里，用那把锁锁上了门。

之后，魔术师用尽了所有可能开锁的办法，还是没有听到锁被打开时那清脆的声响，他终于筋疲力尽了。他放弃了，坐在了门口。

忽然一阵风吹来，门开了，开锁专家应声而起，走近一看，原来门根本未上锁，它是虚掩着的。

生活中像这位开锁专家的人大有人在，由于心理作用作祟，小小的困难就没有坚持的勇气，不但开不了锁，反而把那虚掩的门无形地堵住了。他虽竭尽全力去打开这把锁，可他忘记了，门若未关，锁是永远无法"打

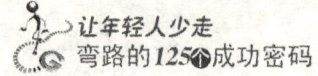

开"的。

　　生活中，又有多少被虚掩的门，而被我们禁锢了呢？推开虚掩的门，这种勇气可能成为你生命中至关重要的转折点；推开虚掩的门，这种坚持可能成为你一生中快乐的源泉；推开虚掩的门，这种自信可能成为你通往成功之路的天梯。

　　生活中，机遇如同一扇扇虚掩的大门，需要你们多一些信心、多一些坚持、多一些勇气，伸手轻轻推开。推开虚掩的大门，你们可以聆听清脆婉转的鸟语、山涧潺潺的溪流；推开虚掩的大门，你们可以瞭望被鲜花点缀得姹紫嫣红的草原；推开虚掩的大门，你们可以仰望深邃的苍穹。

020. 弱者等待机会，强者制造机会

[成功密码]
　　当机会呈现在眼前时，若能牢牢掌握，十之八九都可以获得成功而能克服偶发事件，并且替自己找寻机会的人，更可以百分之百地获得胜利。

　　人生的难题在于，时间永远不等我们，我们却等时间来解决我们的难题。现在大多数年轻人都对生活有过困惑，有的人才智过人，有的人勤奋肯干，可总与成功无缘，遇到一点点挫折后，就找借口"我没有机会"，放慢了追求理想的脚步，在日复一日中挥霍了自己大好的青春。机会不会从天而降，需要自己去寻求、去争取。只有这样你才能成为真正的赢家。

　　在第二次世界大战结束后，美国建筑业迅速发展，到处都可以看见招募工匠的广告。一时间，建筑工匠的行情看涨，待遇也因此节节升高，其中有位曾经做过这类工作的年轻人，一听说城里正在高薪招募工人，立即放下手边的所有工作，进城寻找新的工作机会。然而，当他抵达城市后，看见四处张贴的广告，他不禁困惑地想：没想到工匠的需求量这么大，哪

一家公司福利比较好？比较稳定？烦闷了半天的他，忽然跳了起来，开心地敲了自己的脑袋一下，惊醒似地说：我何必去应征工匠呢？只见年轻人立刻起程，回到家乡，他筹措了一些资金，接着又回到城里租了一间小店面。第二天，他在门口张贴了一张广告纸，上面写着，资深工匠培植新人训练所。许多想应征工匠的人，因为没有这方面的技能多数都无法被录用，因此当他们听说有这么一间训练所后，纷纷上门求教，并当场交了学费，立接上课，这个脑筋动得快的年轻人，转了个弯，利用他的专业技能，赚进了大把钞票，这比他卖力地付出汗水做工匠能获得的薪资，要多上好几十倍呢。

的确，机会人人都有，你可以去等待，也可以去创造。然而，愚者放弃机会，弱者等待机会，强者制造机会。要想成功，等待能把我们送往彼岸的海浪，也许永远不会来，必须要有主动创造机会的热情。就像故事里的工匠，以"创造者"的身份去寻找机会，由此发挥自己的优势，为自己开拓另一个机会的新天地。

在某一次战斗胜利后，有人问亚历山大："你是不是在等好机会去攻城？"亚历山大反驳道："机会？机会是要自己主动去创造的。"主动创造机会，为亚历山大赢得了丰功伟绩。

机会，你看不懂，他看不懂，总有人看得懂；事业，你不做，他不做，总有人去做。谁也阻挡不住社会的发展和时代的进步，在潮流和趋势面前，谁能创造使自己成功的机会，成功就会来敲门！

欺迈尔斯曾说："如果良机不来，就亲手创造吧。"机会，不是一种坐享其成的等待，也不是不劳而获的收获，它需要你去把握，需要你去创造。

英国有个帮厨女佣，一次她花了自己挣的每分钱去听当地一个著名的演讲家的演讲。她被他富有感情的演讲深深地打动了。随后，她叫住了演讲家并与之交谈起来。

"生活中要是能有机会，那该有多好。"她说。

"亲爱的女士，"他回答说，"你从来没有过机会吗？"

"是的，我从未有过机会，"她说。

"那你做什么工作呢?"演说家问道。

她回答说:"我在一家餐馆洗碗、擦地。"

"你做这个有多久了?"他追问道。

"已有20个年头了!"她无奈地回答。

"你坐在哪里?"他继续问。

"还不是在厨房里最下面的台阶上吗。"她显得很疑惑。

"你把脚放在哪里?"

"在地板上,"她回答说,更加困惑。

"地板是什么的?"

"是釉面砖,先生"。

于是他说,"亲爱的女士,我今天给你个任务。我要你给我写一封关于地板砖的文章"。

她没有文化,从没拿起过笔杆子,心里十分害怕,于是,她拒绝了演讲家的要求,但他坚持要她承诺完成这项任务。

回到饭馆,当她坐下来洗碗时,她凝视着地板砖。那天晚上,她撬下一块砖,带着砖来到一个砖厂,请求老板向她解释砖是如何做的。

她还不满足,又去图书馆,找了一本关于砖的书。于是她了解的愈来愈多。她的研究激发了她的想象力,她每天都将所有空闲时间用在进一步学习上。她一有空都要去图书馆,这个从未有过机会的女人逐渐开始爬上知识的台阶。后来,她对阅读越来越感兴趣,并且写的文字还不错,很快她辞去了厨房工作,专心开始写作。从此,她走向了文学的殿堂。

这个从未有过机会的女人,创造了属于自己原本应该有的机会,前往了自己梦想的地方。而这一个寻求机会的女人,再一次证明我们并不是环境的牺牲品。

有一句话说得好:"最能干的人并不是那些等待机会的人,而是那些能创造机会、抓住机会、运用机会及以机会为奴仆的人。"的确,只有那些能创造机会的人,也能创造出美好的明天。年轻人,如果有机会,你能抓住吗?如果没有机会,你能创造一个吗?

021. 机遇与挑战并存

[成功密码]

在任何时候，风险总是与机遇、成功相得益彰的。如果一个人总是想着要成功，但总是怕担风险，对未来心存胆怯而裹足不前，那么，很有可能他就会与成功失之交臂，空留遗憾与悔恨。

人们常说："困难与希望同在，机遇与挑战并存。"在我们的成长路上，一个个机遇摆在我们面前，但在机遇的背后往往也隐藏着一个个的挑战。对此，要抓住机遇就必须勇于挑战、敢于挑战才会有机遇。

如果说机遇是通往成功的那扇大门，那么挑战是成功门前的台阶。而且事业越是成功，那么你需要攀爬的台阶就越高。面对机遇与挑战，我们必须认真地看待。

良好的机遇从来不会以一种一帆风顺的姿态出现，而总是戴着烦人的面具出场。成功的人面对挑战从不拒绝，从而发现并创造机遇，成就自己。

美国戴尔公司为了占领市场、转亏为盈，公司上下已经连续讨论了很多天，公司总裁迈克尔·戴尔有好几天没有好好地休息了。

一天，他拖着疲惫的身体准备回住所时，被一个年轻的日本男子挡住了去路："戴尔先生，请稍等一下。我是一家能源公司的业务员，我想跟你谈谈。"

因为极度疲惫而有些烦恼的他险些一口回绝了对方，但看到男子恳求的眼神，戴尔停了下来。

这时，男子不慌不忙地从口袋拿出了一张张画有图像和表格的纸片，一张张地翻给戴尔看。原来是一些有关研究"锂电池"功能的介绍。

戴尔以前听人说过，使用笔记本电脑的人，最大的希望是能拥有电力寿命比较长的电池，而根据这些功能表，锂电池具有比以前电脑所用的电池高几倍的供电潜力。顿时，他感觉到这是一次良好的机遇，于是他非常认真地与对方交谈起来。

后来，锂电池果然成了一种具有突破性的科技产品，而装有锂电池的戴尔笔记本电脑也满足了广大电脑使用者的要求，销量一路攀升，戴尔公司因此也获得了丰厚的利润。

机遇带给人们的往往是成功的预兆，使人们对未来充满希望，而挑战则常伴随着挫折，自然很容易使人心情沮丧，甚至对未来充满迷茫。在挑战存在的同时，我们也面临着一次次的机遇。

机遇中充斥着挑战，挑战中也包含着机遇。年轻人必须要好好把握，协调好两者之间的关系，变挑战为机遇，当你以激情燃烧的心境，勇敢地应对机遇和挑战，你会发现，狭路相逢勇者胜。

克利斯·加德纳是美国著名的股票经纪人，在他成名之前，他曾经背着医疗器材天南地北地去推销，四处碰壁。之后克利斯·加德纳自己创业失败，倾家荡产，遭受了种种非议。但是他从来没有放弃自己的理想。

有一天，克利斯·加德纳在路上行走时，看见一辆红色的法拉利。他非常地喜欢，他认为自己今后也一定能拥有一辆这样的车。正当克利斯·加德纳为车子着迷的时候，车主走了过来，车主告诉克利斯·加德纳，他是一名职业股票经纪人，就是这位车主改变了他的人生走向。

为了能够抓住机遇，实现梦想，克利斯·加德纳决定全力应对各种挑战，并成立了自己的股票经纪公司。

克利斯·加德纳说："我的故事就是怎么样把挑战转化为机遇，不断战胜困难，进而走向成功。我可以在倾家荡产的时候燃起希望，我知道困难的下一个路口就是出路、就是机遇，就是实现我梦想的地方。"

现在克利斯·加德纳仍然在努力奋斗中，不断挑战自我，不断超越自我。今天，他在芝加哥拥有自己的经纪公司，而且打出了自己的品牌。

我们可以通过机遇之门走向成功的彼岸，实现自己的伟业。但是，如果我们想要获得机遇的青睐，那就必须经过挑战和无数次身心俱有的艰苦考验。因此，机遇的到来往往是由无数次挑战所催化出来的。

成功需要机遇，前进必临挑战。机遇和挑战并存于我们的人生之中，想要把握住机遇，就要敢于迎接挑战。唯有这样，我们才有信心迎接明天，迎接我们多姿多彩的未来人生。

022. 机遇只偏爱有准备的头脑

[成功密码]

我们常常会有很多机会，可是因为没有作好准备，却很少能发现这些机会。好好注意和抓住你身边的机会吧！

"机遇只偏爱有准备的头脑"，这是一句早为人们所稔熟的名言。的确，一个人要想获得某种成功，必须具备一定的素质，要有一定的能力作为依托。

中国有句古话，台上一分钟，台下十年功。年轻人常羡慕别人的机遇好、羡慕命运对别人的青睐、羡慕别人的成功，而却没有看到荣耀和鲜花背后所付出的艰辛。试问，如果弗莱明不是一个细菌学专家，如果对葡萄球菌没有经历数年的研究，那他还能成为青霉素的发现者吗？试问，爱迪生如果不是通过无数次试验，证明上千种材料不能做灯丝，并一直倾心于此项研究，又怎能发现适合做灯丝的钨呢？机遇偏爱有准备的人。

从前有个猎人外出打猎，虽说枪法不怎么样，但每次都能满载而归。村里人都问他，为什么总能猎到猎物？

他说，他每次出发前，都要将枪里装满子弹。因为，在涉猎途中，不知道随时能碰到什么东西，只有事先做好了准备，才能随时应对突如其来的猎物。

其实生活中，年轻人就好比猎人，而猎物就是你们的希望。生活在这个充满机遇和挑战并存的大舞台中，你们必须装好子弹、做好准备，才能获得猎物。

爱因斯坦曾说过："机遇只偏爱有准备的头脑。"有的人整天抱怨上帝不公，没有机遇垂青，好职位总是让人捷足先登。殊不知，不是老天不公，而是他自己没有做好抓住机遇的准备。

上帝对一个人说："你年轻聪明，壮志凌云，不想庸庸碌碌了此一生，因此你常在我的耳边抱怨，那个著名的苹果为什么不是掉在你的头上？那颗藏着'老子珠'的巨贝怎么产在巴拉旺，而不是你常去游泳的海湾？拿破仑偏能遇上约瑟芬，为什么高大英俊的你总是无人垂青？

于是我想成全你，照样给你掉下一个苹果，结果你把它吃了，我想，换个方式，在你散步的时候偷偷将一颗硕大的卡里南钻石放在你前面，将你绊倒，可你爬起来之后，怒气冲天地一脚把它踢进了阴沟，最后，我干脆就让你做拿破仑，不过像对待他一样，先把你抓进监狱，撤掉将军官职，将身无分文的你抛到塞纳河边，正当我催促约瑟芬匆匆赶到时，远远听到'扑通一声'，你投河自尽了！唉，你错过的仅仅是机会吗？"

上帝是公平的。机遇不会平白无故地降临到你的身上。要得到它，必须要付出相当的代价和艰苦的努力。故事中的主人公面对机遇，没有任何准备，当机遇从他身边姗姗飘过时，他根本意识不到，抓住机会更无从谈起。

机遇的橄榄枝向来都是抛向有准备的人，这是因为有准备的头脑才能辨识和把握机遇。成功者们在得到命运垂青之前，都会像一粒粒种子一样，在黑暗的泥土中蓄积营养和能量，一旦听到春风的呼唤，他们就会破土而出，迎接一番完全不同的景象。

年轻人，机遇属于那些勤于思考、奋勇拼搏的人，更属于那些有准备的头脑。每当你们抱怨运气不佳的时候，不要只顾着埋怨别人不给自己机会，要看自己是否做好了准备。所以年轻人想要抓住机遇，获得成功，就得从现在开始收拾行囊，做好准备，当机遇轻轻地叩响门扉时，你们就会沉着地应和一声，踩着它的节拍，旋转而去。

023. 良好的习惯让你"点石成金"

[成功密码]

每一种成功都始于一种好的习惯。你们常常慨叹没有机遇，但许多时候，机遇来临时并不是敲锣打鼓，而是悄悄从你身边溜过。你是否养成抓住它的习惯，是决定能否抓住机遇的关键。

世界上最可怕的力量是习惯；世界上最宝贵的财富也是习惯。一个企业、一个国家、一个民族是如此，对于人的一生，更是如此。好的习惯对于一个人来说是命运的主宰，是成功的轨道，是终生的财富，是人生的格调。没有人天生就能抓住机遇获得成功，成功的捷径恰恰在于貌似不起眼的良好习惯。

据说，点金石是一块小小的石子，它能将任何一种普通金属变成纯金。

羊皮卷上的文字解释说，点金石就在黑海的海滩上，和成千上万与它看起来一模一样的小石子混在一起，但秘密就在这儿。真正的点金石摸上去很温暖，而普通的石子摸上去是冰凉的。

有一个人在得到了这个秘密后买了一些简单的装备，在海边扎起帐篷，开始检验那些石子。

他知道，如果他捡起一块普通的石子并且因为它摸上去冰凉就将其扔在地上，他有可能几百次地捡起同一块石子。所以，当他摸着石子冰凉的时候，就将它扔进大海里。

这样干了一整天，却没有捡到一块是点金石的石子。然后他又这样干了一个星期、一个月、一年、三年，但是他还是没有找到点金石。

然而，他继续这样干下去了。捡起一块石子，是凉的，将它扔进海里,又去捡起另一颗,还是凉的,再把它扔进海里。

但是,有一天上午,他捡起了一块石子,而且这块石子是温暖的……

然而,当他意识到不同的时候,他已经随手就把它扔进了海里,因为很长时间以来,他已经形成了一种习惯,总是把他捡到的石子扔进海里。他已经如此习惯于做扔石子的动作,以至于当他真正想要的那一个到来时,他也还是将其扔进了海里!

习惯有时会成为你成功的障碍,让你扔掉握在手里的机会。年轻人在前进的道路上,你是不是也在做着与这个人同样的事?你需要形成一种成功的习惯,一种成功的敏锐洞察力,一种成功的热情与信心。如此,当成功的机会来临的时候,你就可以敏锐而准确地把握。

据说一家世界五百强企业的首席执行官,从小就有一个习惯:在看报纸时,总喜欢了解新鲜并且有可能赚钱的事物,看完以后,他也总是自己亲自尝试一番。

有一次,他看到报纸上有关塑胶产业的叙述,这个产业在当时很少有人了解到,对于当地来说还是一个相对新鲜的产业,并没有多少工厂在这方面进行投资。他意识到塑胶产业是一个朝阳产业,于是,他毅然决定试试,果真赚了不少钱。

后来,他又了解了房地产行业相关知识,于是他又将资金投向房地产,很快,他获得了大丰收。

10年后,他又将眼光投向了高科技行业,始自今日,他的生意依然红红火火。

是的,好的习惯能让你随时抓住机遇。年轻人,每一种成功都始于一种好的习惯。你们常常慨叹没有机遇,但许多时候,机遇来临时并不是敲锣打鼓,而是悄悄从你身边溜过。你是否养成抓住它的习惯,是决定能否抓住机遇的关键。

024. 机遇总在犹豫中产生，在后悔中结束

[成功密码]

不要以为机遇会第二次来敲门，机遇一旦错过了就再也找不回来了。要想拥有一些东西，我们不仅要付出相当的努力，而且要有莫大的勇气、独到的眼光去果断地选择。遇事顾虑重重、畏手畏脚、瞻前顾后，在犹豫的过程中只会贻误了时机。

机遇真是"神奇"，它给"疑无路"的人带来"柳暗花明"，让商人散尽千金"还复而来"，能让"屈心抑志"的文人从此"青云直上九重霄"。

世界上最可悲的一句话就是："曾经有一个非常好的机遇，可惜我没有把握住。"现实中，很多年轻人，当机会朝他们冲奔而来时，往往前思后想、左顾右盼、犹豫不决；当他们正想抓住时，机遇已经在优柔寡断中失去了，于是他们大叹后悔之词。

生活中机遇无处不在，而遗憾的是，人们对于它的到来总是犹犹豫豫、优柔寡断，缺乏果断选择的勇气，导致与机遇失之交臂。

哈佛大学曾对决定人一生走向的机会做了一次调查，结论是：人的一生平均有7次机会，大约从25岁开始，到75岁结束，每两次之间平均相隔约7年。在这50年里，第一次机会因为自己太年轻，不易抓到；最后一次，因为太老抓不住；剩下5次，又有2次犹豫中错过，实际上每人真正能抓住的机会平均只有3次。看来，人们最缺少的不是机遇，而是缺少抓住机遇的胆识和勇气。

机不可失，时不再来。机会永远只有一次，一旦失去就无可挽回。聪明的人都懂得及时抓住生活的每一次机遇。他们往往明白，无论最后的结果是成功还是失败，上帝都不会给我们第二次选择的机会。而且机遇又常常在最不经意间出现，因此，年轻人必须当机立断去抓住机遇。任何时候"宁可错杀一千，也不可放过一个。"

机遇是有"保质期"的，有些事必须当机立断，知道没有回头路，只

要果断地选择了，就不会后悔。正如莎士比亚所说："好花盛开，就该尽先摘，慎莫待美景难再，否则一瞬间，它就要凋零萎谢，落在尘埃。"对于机遇，不要犹豫，果断抉择，抓住属于自己的机会。抓住了一次机会，就向成功走近了一步。否则，只能留下无尽的后悔。

有一位神父只相信上帝。

一次，神父的村庄被洪水淹没，很多人都逃走了。这位神父还在教堂里祈祷，眼看洪水淹到了他的膝盖，这时，一个人驾着小船来救神父，可神父担心小船有危险，不肯上，对那个人说："上帝会来救我的，叫他离开。"

没过多久，洪水已淹到了神父的胸口，正当神父祈求上帝来救他时，又有一位警察开着快艇过来要救神父，可神父还是觉得不满意，口口声声说："我要守着教堂，上帝会来救我，叫他先去救别人。"

又过了一会儿，洪水淹没了整个教堂，神父只好紧紧抓住教堂顶端的"十字架"，心想上帝怎么还不来。这时，一架直升飞机向他缓缓飞来，飞行员丢下绳梯告诉他："这是最后的机会了，否则你会被洪水淹死。"神父没有看到上帝的到来，还是不肯上飞机。很快洪水滚滚而来，固执的神父终于被洪水吞噬了。

就这样，神父上了天堂，见到上帝，很生气地质问："主啊，我终身奉献自己，你为什么不肯救我？"

上帝却说："我为了救你，花了很多心思，并且给了你三次机会，第一次你担心小船不安全而拒接，第二次我又派一只快艇来救你，你还是不放心，第三次我用国宾的礼仪待你，再派一架直升飞机来救你，结果你仍然拒绝。"

这虽然是个寓言故事，但现实生活中类似的真实故事却有很多。其实，机遇就在眼前，人们却视而不见；机遇就在身边，有些人却麻木不仁。

机会总在犹豫中产生，在后悔中结束。很多时候，优柔寡断只会让我们损失更多。一旦遇到机遇，就应立即抓住。不要以为机遇会第二次来敲门，机遇一旦错过了就再也找不回来了。要想拥有一些东西，我们不仅要付出相当的努力，而且要有莫大的勇气、独到的眼光去果断地选择。遇事顾虑重重、畏手畏脚、瞻前顾后，在犹豫的过程中只会贻误了时机。

第四章

激发无限潜能

——潜能是成功的"加速器"

025. 摆脱自我设限

[成功密码]

我们最大的悲剧不是恐怖地震、不是连年战争，甚至不是原子弹爆炸，而是千千万万人生活着然后死去，却从未意识到存在于他们身上的巨大潜能。

跳蚤堪称世界上跳得最高的动物，它有惊人的能力，跳起的高度均在其身高的 100 倍以上。但是，科学家曾做过这样一个极为有趣的实验：将一只跳蚤放在玻璃杯中，再将其用透明的玻璃盖住。起先，跳蚤不停地奋力往上跳，但是每一次都会撞到玻璃盖。接下来科学家逐渐改变玻璃罩的高度，跳蚤都在碰壁后被动改变自己的高度。经科学家观察，为了不撞到玻璃盖，跳蚤逐渐改变了跳的高度。几天后，科学家再将透明的玻璃盖拿掉，再观察跳蚤的行为，却发现每只跳蚤都还不停地在往上跳，但是却不能够跳到玻璃外面来，因为它已经习惯了降低自己的高度。

现实生活中，是否有许多年轻人也在过着这样的"跳蚤人生"？常常给自己的心灵设限，前进路上的挫折就仿佛玻璃罩一样，已经罩在了潜意识里，罩在了心灵上，行动的欲望和潜能被自己扼杀，一次受挫就"学乖"了，连"再试一次"的勇气都没有。

实则，我们每个人都是有无限的潜能的，你缺少的就是尝试的勇气。

1930 年，美国田纳西州一个小镇上，有个小男孩出生了。一般情况下，在那儿出生的孩子，长大后都不可获得一个体面的工作，但是这个男孩是个例外。由于自己是贫民窟里的孩子的身份，很少有人与他来往，渐渐地他变得越来越懦弱，开始封闭自我，逃避现实，不与人接触。

14 岁那年，镇上来了一个牧师，从此改变了他的一生。有一天，他终于鼓起勇气，进入教堂，躲在后排倾听牧师的演讲："亲爱的孩子们，过去不等于未来，成功不分贵贱，现在干什么、选择什么，就决定了未来是什么，只要你们敢于挑战，成功就一定会有希望。"

小男孩被深深地震动了，他感到一股暖流冲击着他冷漠、孤寂的心灵。他已经忘记了时间，忘记了过去，在角落里惊呆了。

突然，一只手搭在他的肩上。"你是谁家的孩子？"牧师温和地问道。他惊慌失措，不知所措，眼里含着泪水。

这个时候，牧师脸上浮起慈祥的笑容，说："噢，我知道你是谁家的孩子——你是上帝的孩子。"

"过去不等于未来，不论你过去怎么不幸，这都不重要。重要的是你对未来必须充满期望，只要你调整心态、明确目标、勇于尝试，那么成功就是你的。"牧师竖起了大拇指，继续对男孩说。

小男孩当即大吃一惊，他自己长这么大，从来没有人主动跟他说话，也从来没有人向他竖起大拇指。于是，他永远记住了牧师的话，并且相信了他。

在50岁那年，小男孩荣任田纳西州州长，之后，弃政从商，成为世界500家最大企业之一的公司总裁，成为全球赫赫有名的成功人物。后来在他回忆录中，他这样写道："过去不等于未来，人永远不要给自己设限，只要你有勇气去尝试，未来就在不远方。"

在成长的过程中我们都会遭受外界太多的批评、打击和挫折，于是有些人从此不思进取、不敢拼搏、随波逐流，奋发向上的热情、欲望被"自我设限"压制扼杀，与生俱来的成功火种过早地熄灭了。但这个小男孩是幸运的，因为在他还来得及重新开始自己的奋斗旅程时，他给自己小小的心灵种植了一个信念，最终将他的潜能激发了出来。其实，我们每个人都如这个小男孩一样，都拥有无限的潜能，只要秉承坚定的信念，勇于尝试，就一定可以达到自己的目标。

人生最大的敌人是自己，要解除"自我设限"，关键在于自己。所以，当我们处于人生困境中时，一定不要过于担心自己面对的问题、困难，也别太害怕自己前面的路会困难重重，不要给自我设限，只要肯想办法去解决，任何困难与问题都会有答案，关键是自己一定要有必胜的信念和勇于尝试的勇气。

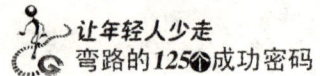

026. 成功源于欲望

[成功密码]
　　如果你没有出人头地的意愿，你将多半一事无成。

　　俗话说："生死根本，欲为第一。"即"人是欲望的产物，生命是欲望的延续。""欲"就是目标，就是理想，是人类与生俱来的天性，伴随着人的始终。拿破仑·希尔曾经说："如果说梦想是取得成功的蓝图，那么欲望就是取得成功的助推器。"

　　成功起源于强烈的期盼。人要想成功就必须激发自己想要成功的欲望，而且成功欲望的大小决定了你事业成功可能性的大小。因为，一个人成功的欲望越强烈，产生的动能就越强，就越能克服困难，成功的可能性也就越大。无数的事实证明，只有那些有强烈成功愿望的人，才能最终走向辉煌的终点。

　　一个人的命运把握在自己的手中，只要自己相信自己，那么一切皆有可能。只要心里有坚定的信念、渴求成功的强烈欲望，干枯的沙子有时也可以变成清洌的泉水。

　　有个年轻人想向苏格拉底学知识，苏格拉底就把他带到一条小河边，年轻人觉得很奇怪。苏格拉底"扑通"一下就跳到河里去了，示意让他下来，年轻人不懂苏格拉底的用意，稀里糊涂地跳下了水。

　　刚一下水，苏格拉底就把他的头摁到了水里，年轻人本能地挣扎出水面，苏格拉底又一次把他的头摁到了水里，这次用的力气更大，年轻人拼命地挣扎，刚一露出水面，又被苏格拉底死死地摁到了水里。这时年轻人顾不了那么多了，死命地挣扎，拼命向岸边游去。

　　爬上岸后，他打着哆嗦对苏格拉底说："老师，你要干什么？"

　　苏格拉底回答说："年轻人，如果你真的要向我学知识，你必须有强烈的求知欲望，就像你有强烈的求生欲望一样，你才得以跑掉。"

同理，在工作中，你如果有着强烈的成功欲望，不抛弃，不放弃，并持之以恒地辛勤耕耘与付出，就能创造一个又一个的生命奇迹。

在这个世界上，为什么同样是个人，有人显达、富有、成功？有人平庸、潦倒、失败？有人说这取决于能力，但科学研究表明，人的天赋存在差异，但差异很小，你无理由归罪于你的天赋。有人说取决于知识，但知识并非是决定人的关键因素。

那究竟是什么导致了人与人之间的差异呢？成功学研究表明，大凡成功的人都拥有相同的特质，他们都拥有强烈的成功欲望。因此，年轻人要想成功，就要不断增强你追求成功的欲望，便会产生惊人的结果。

欲望是开拓命运的力量，激发成功的欲望就是点燃心中储存的燃料，让它爆发出惊人的力量，向成功的目标迈去。那么，如何激发成功的欲望呢？

①将心中的愿望转化为强烈的渴望

愿望是静止的，"我们成功，希望富有、希望有成就……"一直只是静止状态下的想法，而欲望是动态的，"我要创造财富，我要获得地位，我要获得成功……"因此，你不只是空有愿望而已，你还要付诸行动，真正地去追求你渴望的成功。愿望如果没有转化为渴望，在困难和各种障碍中便无法拥有足够的动能，推动你走向成功的终点。

②不断强化成功的欲望

不断增强你追求成功的欲望，发挥最大的冲劲，便会产生惊人的结果。你可以想象你已经达到了你的愿望，或是体验你梦想成真的滋味。你心中越想尝到那种滋味，就越能驱动你去追求成功。

③经常和成功人士接触

和成功人士接触，可以产生见贤思齐的心理。此外，你也可以把他们假想为你的竞争对手，时刻提醒自己要战胜他、超越他。

④行动

欲望能驱使行动去达成愿望，激发成功的潜能，就是要求自己行动、前进。

027．唤醒你心中酣睡的巨人

[成功密码]

　　20世纪初，心理学家和哲学家断言，普通人只用了全部潜力极小的一部分。与我们应该成为的人相比，我们只苏醒了一半；我们的热情受到打击，我们的蓝图没有展开，我们只运用了我们头脑和身体资源中极小的一部分。一个人的潜能是无限的，只要能开发出其中的20%，便可战无不胜、无所不能。

　　美国学者詹姆斯根据其研究成果，说："普通人只开发了他蕴藏能力的10%，与应当取得的成就相比较，我们不过是半醒着的。"人的潜能到底有多大？这个问题恐怕是谁也无法回答的。美国知名学者奥图博士说："人脑好像一个沉睡的巨人，我们均只用了不到1%的脑力。"换句话说，每个人都有99%的潜能有待挖掘，这个比例相对于许多平凡人来说，真是大得惊人。

　　每个人的身上都蕴藏着一份特殊的力量，那份力量犹如一位熟睡的巨人。这种力量一旦被唤醒，即便在最卑微的生命中，也能像酵素一样，对身心起发酵净化作用，增强人上进的力量。

　　一位已被医生确定为残疾的美国人，名叫梅尔龙，靠轮椅代步已12年。

　　他的身体原本很健康，19岁那年，他赴越南打仗，被流弹打伤了背部的下半截，被送回美国医治。经过治疗，他虽然逐渐康复，却没法行走了。

　　他整天坐轮椅，觉得此生已经完结，有时就借酒消愁。有一天，他从酒馆出来，照常坐轮椅回家，却碰上三个劫匪，动手抢他的钱包。他拼命呐喊、拼命抵抗，却触怒了劫匪，他们竟然放火烧他的轮椅。轮椅突然着火，梅尔龙忘记了自己是残疾人，他拼命逃走，竟然一口气跑完了一条街。

　　事后，梅尔龙说："我真不能想象我自己还能站起来，并且跑完了整条街，我知道当时如果我不逃走，就必然被烧伤，甚至被烧死。我忘了一切，一跃而起，拼命逃跑，直至停下脚步，才发觉自己能够走动。"

现在，梅尔龙已在奥马哈城找到一份职业，他已身体健康，与常人一样走动。

其实，人的潜能犹如一座待开发的金矿，蕴藏无穷，价值无比。我们每个人都是一块宝藏，蕴藏着巨大的潜能，等待着我们去挖掘它。

任何一个大脑健康的人与一个伟大科学家之间，并没有不可跨越的鸿沟。只要发挥了足够的潜能，任何一个平凡的人都可以成就一番惊天动地的伟业。

最聪明的爱因斯坦，其大脑的使用也没有达到其功能的3%。人生最大的悲剧是活着而忽略了将与生俱来的潜能充分地开发出来，从而使无限的潜能只化为有限的成就。年轻人唤醒你内心酣睡的巨人吧，它比阿拉丁神灯的所有神灵更为有力。只要相信自己、相信自己的潜能，你就能有所成就。

托尔斯泰曾说："大多数的人想改造这个世界，但却罕有人想改造自己。"的确如此。多数年轻人实际上很少思考：我们如果不把自己的潜力激发出来，那么如何去改造这个世界呢？

每个人的潜能就如同一只还未孵化的金蛋。没有谁是注定的天才，其之所以成为天才，是因为对自身潜能的开发与常人开发的程度不同。人的潜能是无限的，但是很多潜能如睡美人般沉睡已久，必须用魔力唤醒它。

①放飞梦想

有了梦想，你的潜能就有了固定的流向。梦想越大，越能充分挖掘你的潜能。

②突破"我不能"的局限

人要想把潜能开发出来，就要不断克服"不能"的负面信念。正面的信念会把潜能大门打开，负面的信念会把潜能大门关死。

③对自己进行激励

激励的两个方面：物质上的、精神上的。事情做好了，得到了激励，证明了自己的能力，心理上会有向上的推力。

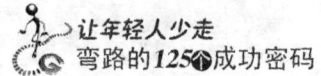

④技能训练

平日加强自己的技能锻炼，就是强化自己的有机体，自动反应潜意识化。如学外语，每天阅读，久而久之，和外国人就会自然交流。我们平时说话，自然而然也是潜意识化的原因。

⑤创造和谐的人际关系

和谐的人际关系一方面使人的情绪处于振奋状态，保证了身体能量不消耗；另一方面良好的人际关系表明人们欣赏你、承认你，会把你激励起来，负面的人际关系状态就把你的潜能压抑住了。因此，年轻人要正确处理好与同事、领导之间的人际关系。

⑥拥有积极的心态

拥有积极的心态，唤醒心中沉睡的巨人，就能在最短的时间激发个人无限的潜能，释放能量、改变命运，创造一个全新的未来！

028. 心中想赢，就一定能赢

[成功密码]

西方有句谚语说得好："上帝只拯救能够自救的人。"成功属于愿意成功的人。我想赢，我一定能赢，结果我又赢了。

曾经看过这样一首小诗：我赢了，而你没有；我赢了，是因为我比你强；我比你强，是因为我拥有得多；我拥有得多，是因为我付出得多；我付出得多，是因为我坚持得长久；为什么我能坚持这么久？不知道。我只知道：我很想赢。

成功学界流行的一个著名观点：成功来源于你想要。不想要、不敢要，都会使成功与你擦肩而过。成功者敢于想，失败者不敢。迈向成功的第一步就需要想:"我想赢!"这是迈向成功的起点。

布勃卡,乌克兰撑竿跳高运动员,享有"空中飞人"的美誉。他曾35次创造撑竿跳领域的世界纪录;并且他所保持的两项世界纪录,迄今为止还没人能够打破。

曾经很多人慕名而来,纷纷去讨教他的成功秘诀。布勃卡每次都是微笑着回答:"很简单。就是在每一次起跳前,我都会先将自己的心'摔'过横杆。"

原来,作为一名撑竿跳选手,他也有一段难熬的岁月,尽管自己不断地尝试冲击新的高度,但每次都是败兴而归。那些日子里,他苦恼过、沮丧过,甚至还有想放弃的念头。

一次,在训练场上,他又努力地试跳了几次,但是都失败了。他禁不住摇头叹息,对教练说:"我实在是跳不过去。"

教练平静地问:"你心里是怎么想的?"

布勃卡如实回答:"我只要一踏上起跳线,看清那根高悬的标杆时心里就害怕。"

突然,教练一声令下:"听好了,我亲爱的布勃卡,你现在要做的就是闭上眼睛,先把你的心从横杆上'摔'过去!"

教练的厉声训斥,让布勃卡如梦初醒,顿时恍然大悟。

遵从教练的吩咐,他重新撑起跳竿又试跳一次;这一次,果然他顺利地跃身而过。

于是,一次次新的世界纪录陆续被刷新,他一次又一次地超越了自我。

在困难和挑战面前,超越自我、赢得成功的最好办法,就是让自己的心先过去。只要年轻人心中想赢,并且为之努力,那么最终就能走向成功的殿堂。

许多年轻人都想追求成功,而且都有成功的能力,但是他缺乏对成功的强烈欲望,从而阻断了踏上成功之路。

成功需要有"我想赢"这种坚定的欲望，心中充满了对胜利的野心，那么潜意识里，便会形成一种坚定的价值观。当这种价值观一旦被我们付诸现实，并且成为我们前行的动力时，那么我们必定会抵达成功的彼岸。成功属于真正想要成功的人。正如卡耐基所说："我想赢，我一定能赢；结果我又赢了。"

029．成功是"逼"出来的

[成功密码]

一个人，如果不去逼自己一把，就根本不知道自己有多优秀。

有这样一句谚语："如果你想翻墙，请先把鞋子扔过去。"就是告诉人们，想达到目的，一定要学会去"逼自己"一把，将自己置于绝境之地，不给自己留退路，这样能够最大限度地激发你身上的潜能，取得最终的成功。

人是个奇妙的动物，往往会在绝境中发挥出意想不到的能量。事实也是这样：人一生最大只发挥了自己5%的潜能，没有什么是不可能的。如果你想瞬间开发潜能，只能将自己置身于压力之中，激发我们赶超，让生命迸发出活力。

生活有苦难。虽说苦难是我们前进的阻力，但同时也是我们前进的助力，是我们成长的阶梯，是我们最好的导师。

曾经动物研究者们做了一个关于熊的故事片，讲的是熊猫和北极熊本来有着共同的祖先，但是因为有一天，这片森林被雷电焚烧，为了生存它们不得不向外迁徙。其中一部分来到了寒冷的北极地区，另一部分来到了中国四川的温带地区。

按照常理，进入寒冷地区的熊会被冻死、饿死，而在温带地区的熊则更容易存活下来，但结果却恰恰相反。

来到北极的熊，迫于生活，它们逐渐改变了原有的生活习惯，学会了在冰冷的海水捕食鱼虾，继续衍续后代，并且身体比以前更结实、更凶猛，它们就是现在的北极熊。

而另一部分熊来到了生活条件相对舒适的盆地，可它们发现这里的肉食动物太多太厉害，自己根本无力跟它们竞争。为了避免竞争给它们带来的威胁，它们决定改吃竹叶。由于没有其他动物和它们竞争，渐渐地，它们变得体态臃肿、思维迟钝，这就是现在濒临灭绝、靠人类帮助才免遭灭亡的大熊猫。

这个故事告诉我们，尽管北极生存环境恶劣，但正是恶劣的环境导致了北极熊强大的体魄和强大的生存能力。无数的生物学家都做过实验，同样的生物放在两种不同的环境中，一种是非常舒适的，不需要努力就可以获得食物，另一种是要通过努力才能取得食物的环境，最后结果永远是生活安逸的生物不是早死就是病死，而在恶劣环境下的生物却过得非常快乐而且长寿。

人也是一样，那些不断将自己置身于险境的人，都是比较坚强、有活力并且能快速取得成功的人。所以，要想快速地成功，就要时刻学着去"逼"自己一把，多将自己置于险境之中，这里孕育着成功，丘吉尔说过，你会发现，每一次巨大的成功都不是在环境、在朋友的帮助下实现的，而是威胁你的强大对手和巨大的压力所创造的奇迹在逼你成功。

在一次演讲课上，卡耐基曾对他的学生们说：请问一个负债一个亿的人和一个存款一百万的人，在20年后哪一个会比较富有？

答案当然是负债一亿的人。讲师解释道：因为负债一个亿的人，拥有足够大的压力，会促使他想方设法去赚到一个亿。一个人跌得有多深，弹跳起来就会有多高。负债一个亿的人，每时每刻都会迫切地想："我现在如何赚到一个亿来还债？我如何尽快赚到一个亿？"他每天白天都会想这个问题，晚上睡觉还是会想这个问题，包括做梦他都会想这个问题。早上睁开眼睛，脑海中就会蹦出这个问题，甚至刷牙、蹲马桶时，都依然会想这个问题！可以说这个问题成了他生命中的全部，成了他最亲密的爱人，形影相随。他要激发全部的生命潜能与热情去完成它。于是，就能在关键时刻爆发出巨大的潜能和智慧，不断地向财富和成功靠近。

而那个存款一百万的人，则不会这么想，更加不会这样迫切地想。一个月想一次，已经很不错了，而且他就算想，也不过是想知道如何赚下一个一百万而已。

人怕逼，马怕骑。从力学上分析，要使物体前进，既要有拉力也要有推力。拉力就相当于人追求的目标，推力也就是各方面的压力，有了目标，再加上有人逼，当然会向前进。

成功都是被逼出来的。被逼，心态就会改变；被逼，就会产生明确目标；被逼，就会马上行动；被逼，就会寻求突破；被逼，力量就聚焦，潜能就会爆发。被逼的一生，是奋斗的一生，是幸福的一生。为此，年轻人，生活中如果能勤逼自己一把，就能加快成功的步伐。

030. 只有想不到，没有做不到

[成功密码]

　　每个人都拥有许多未知的潜力，有时我们做的事，自己连做梦都想不到。在很多紧急情况下，我们总有完成看来不可能完成的事。

成功者的字典里没有"不可能"三个字，在他们眼里，越是不可能做成功的事，越可能成功。"在我的字典中没有不可能的字眼。"拿破仑如是说。

"这个任务很重要，你们要在明天之前完成！""啊？可是……"职场上，诸多年轻人虽颇具才华，具备种种加薪、升职的能力，但是有个致命弱点：不主动接受"不可能完成"的工作。

成事在天，谋事在人。只要勇于尝试、充满信心，没有做不了的事情。

亨利·凯撒深知积极心态的力量。在第二次世界大战中，他建造了1500多只船，其造船速度震惊了世界。当时他曾说："我们每10天能建造一艘'自由轮'。"

专家说："这是做不到的，这是不可能的。"然而凯撒做到了。那些相信他们只能排斥积极性的人使用了他们法宝的消极一面；那些相信他们能排除消极性的人使用了他们法宝的积极一面。

生活是充满很多可能性的。莎士比亚说过："本来不可能的事，大胆去尝试往往能成功。"失聪的贝多芬扼住了命运的咽喉，谱写了一曲曲不朽的名作；身为残疾的海伦·凯勒以其顽强的毅力，用文字抚慰了她不幸的人生。

面对问题，人通常有两种思维：可能或不可能。"可能思维"和"不可能思维"如同魔咒一样，推着你前进或后退。"不可能思维"就像一个自我保护的"屏障"，在它的掩护下，我们不知不觉被雾霾蔽日，再也看不见前方。只要你相信"可能"，前方的路就显得格外敞亮。

亨利·福特在取得成功之后，便成了众人羡慕备至的人物。人们觉得由于运气，或者有影响的朋友，或者天才，或者他们所认为的形形色色的福特"秘诀"——由于这些东西，福特成功了。毫无疑问，这些因素中有几种当然是起了作用的，但是肯定还有些别的什么东西在起作用。也许每10万人中有一个人懂得福特成功的真正原因，而这少数人通常耻于谈到这一点，因为它太简单了。只要一瞥福特的行动，就可完全了解他的成功"秘诀"。

多年前，亨利·福特决定改进现在著名的V—8式发动机的汽缸。他要制造一个具有铸成一体的8个汽缸的引擎，便指示工程人员去设计。可是，这些工程人员都认为要制造这样的引擎是不可能的。

福特说："无论如何要生产这种引擎。但是，他们回答道，"这是不可能的。"

"去工作吧！"福特命令道，"坚持做这件工作，无论要用多少时间，直到你们完成了这件工作为止。"

这些工程人员就去工作了。如果他们要继续当福特汽车公司的职员，他们就不能去做别的什么事。六个月过去了，他们没有成功。又过了六个月，他们仍然没有成功。这些工程人员愈是努力，这件工作就似乎愈是"不可能"。

在这一年的年底，福特咨询这些工程人员时，他们再一次向他报告他们无法实现的命令。"继续工作，"福特说，"我需要它，我决心得到它。"

发生了什么情况呢？当然，制造这种发动机完全不是不可能。后来福特V-8式发动机装到最好的汽车上，使福特和他的公司把他们最有力的竞争者远远地抛到了后面。

福特的积极心态所带来的动力对你也是适用的。如果你应用它，如果你像亨利·福特那样，把你的法宝翻转到正确的那一面，你也能把不可能的事所含的可能性变成现实，取得成功。如果你知道你需要什么，你最终是能找到一种方法去获得它的。

曾经有位名人说过，有些人之所以觉得不可能，是因为他们没有激发自己的潜能。据美国的潜能研究专家研究所得，一个人只要发挥一大半的大脑功能，就可以精通四十几个国家的语言，还可以得到十个以上的博士学位。

每个人都有无限的潜能，但平时使用者，只是几万分之一而已。人的平庸，多数不是因为自身能力不够，而是因为安于现状、不思进取，"因为不可能"的借口，在平淡机械的生活中埋没了自己。

世界上"没有做不到，只有想不到"。只要你能想到，下定决心去做，就一定能够完成……不要总羡慕别人头上的光环，其实你也有能力给自己戴上美丽的花冠。

031. 绝境中的重生

[成功密码]

　　人在身处逆境时，适应环境的能力实在惊人。人可以忍受不幸，也可以战胜不幸，因为人有着惊人的潜力，只要立志发挥它，就一定能渡过难关。

　　"生于忧患，死于安乐"的深刻道理，对于行走在成功路上的年轻人仍具有重要的借鉴意义。人在绝境或遇险的时候，往往会发挥出不寻常的能力。

　　危急时刻，急中生智，智慧会突然千百倍地迸发而出；绝处逢生，力量会突然千百倍地涌流而出。

　　在日本发生了这样一件真实的事情。

　　一天，一母亲上街购物，把4岁大的儿子单独放在家中。

　　购物返回中，突然发现儿子正趴在阳台上玩耍，儿子一脚踩空，从12层楼上跌了下来。

　　"儿子……"

　　母亲突然发出了一声惨叫。围观的人们似乎都看见了她儿子所处的绝境，有人痛苦地闭上眼睛，想象着那个惨不忍睹的场面，每个人的心不免揪了起来。

　　围观的人们谁也没有想到，就在他们闭上眼睛的一刹那，却见一个身影不顾一切地从他们跟前呼啸而过，穿过熙攘的人群，绕过川流的车辆，向她儿子坠落的地方冲去。

　　等到人们回过神来的时候，发现她正跌坐在地，4岁的儿子在她怀里哇哇大哭，儿子安然无恙，她却脸色惨白。

事后，人们作过一次次模拟实验：从12楼窗口扔下一个东西，让最优秀的消防运动员和世界短跑冠军从相同距离飞身来救，试验了很多次，始终差得远，人们可能永远都看不见那个真实的坠落过程，但我们却能看到母亲的速度，它超越生命极限，保住了自己孩子的生命。

生命的潜能足以震惊生命本身，尤其人处于危急时刻能够激发潜能。人没有退路，就会产生一股"爆发力"，这种爆发力即潜能。

有些时候，年轻人需要一种危机来激发我们自身的潜能，唤醒我们内心深处被掩藏已久的人生激情，来实现人生的最大价值。

一德国著名游泳教练，虽说他本人不会游泳，却培养出了一个个世界游泳冠军。

人们都很疑惑他的成功秘诀。经记者几次采访，他才说出他的训练方法：训游河道长一百米，一头是浅水，一头是深水。一般教练为保证队员的生命安全，让队员自深水带游向浅水带。我却让队员从浅水带游向深水带。因为最后是深水带，游不动就会沉下去丢掉性命，所以他必须发挥最大潜能，游过深水带游完整个池子。相反，从深水游向浅水，起初必然拼命最后必然放松，因为游不动时可以站起来。跟我训练只有向前拼命游，没有退路和停止。

原来他的成功秘诀就是将运动员陷入险境，然后促使他们激发自身的潜能，不断地挑战自我，直至最后的成功。

现实生活中处处存在着危机，有危机并不可怕，没有危机才是可怕的。危机面前，我们没有退路，我们只能全力以赴才能战胜危机，创造辉煌。

危机是能够激发潜能的重要力量。年轻人要想让自己的人生有所突破，就必须明白，在关键的时刻，应该把自己带到人生的悬崖边上，在看似深渊的边缘，才有可能获得另一片蓝天。因此，年轻人要积极地看待危机、利用危机，树立危机意识，借助危机爆发潜藏的能量。只有这样，你们才能在残酷的竞争中取得胜利。

激发无限潜能
——潜能是成功的"加速器"　第四章

032. 心似猛虎，细嗅蔷薇

[成功密码]

我是不会帮助那些缺乏成为企业领袖的盛装的年轻人。

一个人最终取得的人生高度，是平庸还是辉煌，很大程度上取决于雄心的有无；一个人最终平庸与辉煌的程度，则取决于雄心的大小。因为，雄心决定了一个人是否拥有积极向上的力量。

人人需要雄心。因为有了雄心，人就不会满足于现状，激发自身内在的潜力与欲望，才能与成功相约。

一位富商，在临终弥留之际，留下这样一个遗嘱：如果谁能够说出"成功"的秘诀，我将我所有的财产都留给他。

消息一经传出，就迎来了无数的参与者。然而，他们的答案都令富商的律师无比失望。眼看规定的时期将近，律师正在准备按照富商的遗嘱吩咐，将这笔巨大的财产捐给慈善机构。这时，却有一个仅10岁的小男孩拿走了这笔财产。

小男孩找到律师，说他自己"成功"的秘诀，律师很是惊讶，忙问小男孩，成功的秘诀何在？小男孩不慌不忙地回答，成功的秘诀是雄心。

秘诀会这么简单？在场的众人议论纷纷。律师听罢，就微笑着打开富商留下来的锦囊，果然被小男孩言中，于是，小男孩就成为了富商的唯一继承人。

原来，小男孩的父亲就是依靠雄心走向财富之路的。

在前进的道路上，每个年轻人心中就该有只老虎，充满雄心。这样，他就会找到前进的动力，在职场中昂首阔步。

雄心是人们奋斗的催化剂，它可以让我们在迷茫的时候找到方向，可以让我们在萎靡的时候找到信心。因此,年轻人要想在自己的事业上做出一番成就,走出一条属于自己的路,那么,你所要做的第一件事情就是培养自己的雄心。虽然它不一定能换来成功,但你有了向成功迈进的勇气,也就等于成功了一半。

当然,老虎虽有忙碌而远大的雄心,也有驻足细嗅蔷薇的平淡。人也一样,在事业前进的道路上,人因为雄心而强大,但雄心也要适度,不要过分地贪婪,否则雄心就会由积极因素转变为消极因素。雄心无限制地膨胀,太过于追名逐利,就会让人的价值观失常,迷失了自己前行的方向,最终换来的却是残酷的失败。

美国科学家R.C.史奈特曾经对"雄心"做过一组实验,他将失意者分成了三组:第一组,只要将手中的工作完成即可;第二组,答对一题可以得到200美元的奖金;第三组,在规定的时间内,谁答得越快越好,就能得到1000美元的奖金。结果可想而知,第三组可以把一个人的雄心激发到最大,而第一组的人却没有雄心,第二组的人雄心恰好适度,刚刚好。

实验结果显示,第二组,雄心不大不小者的成绩最好;第一组人没有雄心,没能充分调动起积极性,回答成绩不佳;第三组,雄心太过强大,精神过度兴奋,对自身的能力产生了副作用。

由此可见,雄心虽然是激发我们向前迈进的动力,但是雄心也需要适度,学学聪明的老虎,生活中多一点淡然,少一点名利的欲望,雄心激发的动力才会恰到好处,这样才能让雄心带领我们走向成功。

每个年轻人都希望高人一等,早日出人头地,然而,现实却是残酷的。不切实际的梦想,最终只能一败涂地。

总之,没有雄心,便没有追求。对于奋发的年轻人来说,雄心是一只希望的号角;对于迷茫的年轻人来说,雄心是一声觉醒的呼唤;对于勤奋的年轻人来说,雄心是一面期盼成功的征帆。雄心虽然可以激发我们的热情,促使我们尽早走向成功,但是雄心也要适度,否则,它也会置我们于一败涂地的境地。

第五章

排除负面情绪

——情绪是成功的"遥控器"

033. 不要为打翻的牛奶哭泣

[成功密码]

当你为已经过去的事烦恼的时候,你应该想到这个谚语:不要为打翻了的牛奶而哭泣!

泰戈尔曾说:"当你为失去月亮而哭泣的时候,你也将失去群星。"生活中,很多年轻人因为经历了伤痛、磨难和挫折,便经常将自己沉浸在痛苦之中,拿过去的伤痛来折磨自己,让心灵沉重不堪,让过去的痛苦不停地向前延伸,成功路上因而放慢了脚步。

其实,这种做法是在拿过去的痛苦来惩罚自己,只有学会及时忘记过去的伤痛,才能获得快乐轻松的人生。

美国纽约市一所学校的老师,在任教期间发现班上的学生表面上看起来很用功,但总是考不出好的成绩。结果,经他了解发现:班上的大多数学生常常为过去的成绩感到不安,他们经常生活在过去的阴影里,只要一次考试失败,他们就会生活在自责中,以至于影响了下一次的成绩。还有一些心思重的学生,从考完交上考卷后充满忧虑,担心自己不能及格。为了解除学生的这种心理疾病,老师就亲自精心为学生设计了一个特殊的课程。

一天,老师在上课时,端来了一杯牛奶,在给学生讲课的过程中,无意间,老师突然一巴掌把那杯牛奶打翻在地上,并大声地喊道:"不要为打翻的牛奶而哭泣。"

课堂上,所有的学生都惊呆了。老师让所有的学生都过来,并围拢到洒满牛奶的地方仔细地观察那些破碎的瓶子与淌着的牛奶。老师则一字一句地说道:"你们仔细地看一下,现在牛奶已经完全淌光了,无论你如何抱怨、如何悔恨,也无法取回一滴。事先如果做一些防御措施,牛奶可能还好端端的,但是现在说什么都晚了。现在唯一能够做的就是尽自己最大的努力将它尽快忘记,然后将注意力转移到下一件事情上面。"

听了老师的话,学生们恍然大悟,这节课让他们终生难忘。

芳林新叶催陈叶,流水前波让后波。过去的已然过去,新的事物即将来临。不要为打翻的牛奶哭泣,我们唯一能把握的就是当下的时光,以平静的心态分析自己所犯的错误,然后再从错误的事情中汲取教训,最终把这错误忘掉。

成功学大师戴尔·卡耐基在事业刚刚起步时,曾经在美国的密苏里州举办了一个成人教育班,因为刚起步缺乏管理经验又缺乏财务常识,在将他大笔的资金用于广告宣传和日常基本开支的时候,却发现自己赔了钱,尽管他的成人教育班在社会上的反应是极好的。得知一连数月的辛苦劳动没有任何回报,他的精神几近奔溃。

卡耐基为此极为苦恼,他不断地抱怨自己的疏忽大意,整天闷闷不乐,已经无法将事业进行下去了。最终,卡耐基只能去找他小时候的老师求助心理帮助,老师对他说:"在任何时候都不要为打翻的牛奶哭泣。"

老师的这句话如醍醐灌顶,卡耐基的忧郁和痛苦也顿时消失了,精神也快速地振作起来,全身心地投入到事业中,最终取得了巨大的成功。

你不能左右天气,却可以改变心情;你改变不了事实,但你可以改变态度;你无法控制别人,但可以掌握自己。我们前进的道路虽说坎坷曲折,但是道路两旁盛开着五彩芳香的花,在我们头顶上洒满了温馨的阳光。

已然发生的事情,就让它过去吧,殚精竭虑甚至后悔都没有用。"何必眉不开,烦恼无尽时,一切命安排,当下最悠哉。"在任何时候,烦恼都是无忧无虑的,你只需怀着一颗感恩的心,活在当下,抓住现在,生活就会过得安然而又超脱,你的人生也就达到了另一种境界。

034. 做情绪的主人，而不要成为情绪的奴隶

[成功密码]

如果一个人看清了自身的处境，知道哪些情况是必须承受、无可避免的，就得想法子让自己承受得愉快些、有意义些。也就是说，你要支配情绪、控制情绪，不能让情绪支配、控制你，甚至摧毁你。健康愉快的生活来自勇敢进取的生活态度，只会诅咒生活的人，永远不会尝到生活的乐趣。

有这样一个故事。

说的是死神来到一个部落，向那里的人宣布："明天我要带走100人的生命，至于是哪些人，谜底就留待明天揭晓。"

次日，当死神再次回到这个部落准备带人的时候，意外地发现这个部落中，一夜之间竟然死了1000人！

就如同死神来到我们身边一样，随时都可能陷入绝境，永无宁静之日。

月有阴晴圆缺，人有喜怒哀乐，但这并不意味着我们是情绪的奴隶，任凭情绪来遥控。如果说情绪是奔腾的"洪水"，那么理智就是一道坚固的"闸门"。

美国密歇根大学心理学家南迪·内森指出，你不能控制情绪，失败就会控制你。一项研究发现，一般人的一生平均有3/10的时间处于情绪失控的状态，因此，人们常常需要与内心的情绪作斗争，这样会分散你的精力，削弱你的智慧，扰乱你的判断力，在关键时刻还会使你一败涂地。

德国有句谚语："神欲使之灭亡，必先使之疯狂。"不以物喜，不以己悲。年轻人要掌控自己的情绪，做情绪的主人，而不要成为情绪的奴隶。

古希腊哲学家苏格拉底原先和几个朋友住在一间只有七八平方米的房

子里，友人认为他居住的条件太差了，他说："朋友们住在一起，随时可以和他们交流感情，是值得高兴的事啊。"

几年后，他一个人住，又有人说他太寂寞了，他又说："我有很多书啊，一本书就是一个老师，我和那么多老师在一起，怎么不高兴呢？"

之后，他住楼房的一楼，友人认为一楼的环境差，"你不知道啊，一楼方便啊，进门就到家，朋友来方便，还可以在空地上种花、种菜什么的。"

后来，他又搬到顶楼，有人说住顶楼没好处，"好处多啊，每天爬楼梯锻炼身体啊，顶楼光线也好。头顶上没干扰，白天晚上都安静。"

面对各种不良的环境，苏格拉底都能以良好的心态、满腔的热忱、积极向上的态度迎接"挑战"。

如今有一部分意气用事的年轻人，刚刚涉世，却不懂得收敛自己的性子，他们不分场合、不分地点、不分对象，肆无忌惮地发作，这样的人只会让事情变得更加糟糕。

"假如生活欺骗了你，不要悲伤，不要心急！忧郁的日子里需要镇静：相信吧，快乐的日子将会来临。"忧郁是短暂的，快乐却是永恒的。年轻人在生活中少一些冲动，少带些不良情绪，学会掌控情绪，幸福就在不远方。

卡耐基曾说："如果一个人看清了自身的处境，知道哪些情况是必得承受，无可避免的，就得想法子让自己承受得愉快些、有意义些。也就是说，你要支配情绪、控制情绪，不能让情绪支配、控制你，甚至摧毁你。健康愉快的生活来自勇敢进取的生活态度，只会诅咒生活的人，永远不会尝到生活的乐趣。"年轻人，你们的生活才刚刚开始，每个人的前方都有一幅优美的风景，愿每个人都能做自己情绪的主人，把握好自己的心海罗盘，把自己人生这幅长卷描绘得多姿多彩！

035. 解除烦恼的"魔法"公式

[成功密码]

如果你被悲伤、不幸、灾厄压得透不过气来，赶快让自己忙碌起来，不要给你的手和心空闲的时间，这是最有效的方法。

詹姆斯·莫塞尔说："忙而忘忧，烦恼最容易伤害无所事事的人。"萧伯纳也说："让人愁眉苦脸的秘诀就是，有充分空闲去想他自己的伤心往事。"忙碌是人生的真谛；忙碌能使人充实；忙碌驱赶烦恼；忙碌能排除杂念。

曾经有学员问卡耐基："你说能否找到一个快速有效地消除烦恼的良方吗？"

卡耐基说："解除烦恼的'魔法'公式就是让自己忙碌起来。"

学员们十分惊讶。卡耐基然后接着回答："很奇怪，为什么只要让自己保持忙碌就能驱除我们的烦恼呢？这是因为：无论多么聪慧的心灵，也不可能在同一时间内同时想两件事。如果人们不让自己处于忙碌状态，只是无所事事、胡思乱想，则必定会孵化出一群精怪，摧毁他们的行动与意志力，经常找点事做，让自己处于忙碌状态，这是世界上忘却烦恼最廉价的良药——却是最好的一种。"

此外，卡耐基还列举了一个例子：如伟大的科学家巴斯德曾经提到过一种"在图书馆和实验室才拥有的平静"。

卡耐基接着问他的学员："平静为什么会在那两个地方找到呢？因为痴迷于图书馆和实验室的人通常都埋头于工作、醉心于研究，不会为其他什么事担忧。有数据表明，科研人员通常不会出现精神崩溃的状况，因为他们没有时间、没有精力来享受这种精神上的'奢侈'。"

让自己忙起来，我们才能忘记烦恼，从而能够更好地工作，反之，越是空闲，你越会心事重重、想入非非，误入歧途，甚至无法自拔。这时候，你的思想就像脱缰的野马，横冲直撞，很容易让你陷入混乱、疲惫、痛苦之中。因此，消除忧虑的最好办法就是让自己忙起来，尽量去做有意义的事情。

著名诗人亨利·朗费罗在痛失爱妻之后，也逐渐明白了这个道理。

一天，他的妻子在点蜡烛的时候，不小心衣服被火点着了，朗费罗听到妻子的惨叫声就赶来抢救，但妻子还是因为伤势过重离他而去了。

之后的一段时间，朗费罗脑海中一直萦绕着妻子丧生的悲惨场景，他近乎崩溃。所幸还有三个年幼的孩子需要父亲的照顾，他不得不强忍悲痛，担当起父亲和母亲的双重职责。他陪孩子们玩耍，给他们讲故事，并将对孩子的感情都倾注在诗歌中，同时他还完成了《神曲》的翻译工作。这些事令他忙得片刻不停，从而使他没有时间和闲情陷入绝望，他逐渐从悲伤中解脱出来，重新获得了内心的平静。

的确，面对烦恼，让自己忙起来不失为一种智慧的选择，既然忘却烦恼就是因为无时间去寻思烦恼，又能让自己的工作业绩更突出，这是多么难得的一举多得啊！因此，消除烦恼的魔法公式就是让自己忙着干任何有意义的事情。

忙碌的人生，沐浴了阳光雨露，也直面了风雨雷电。忙碌的日子，会让你无心闲暇烦恼，总让你的心维系在忙碌的事务之中，让你全身心投入其中。虽然你也会偶有抱怨，但更多的时候是感觉到自己身在忙碌中品味到的快乐，你会在忙碌中找到自身的价值，你会在忙碌中有所收获，人生也因忙碌变得更加精彩。

036. 镇定地改善最糟糕的状况

[成功密码]

船在汹涌的波浪中行驶,固然是危险的事,但只要把舵者善于应付,未尝不可化险为夷,渡过大洋,安登彼岸。一个年轻人的就业也是如此,四周都为困难所包围,你得镇静应付,把层层障碍打破,便发现你的康庄大道。你须知道,老天决不辜负有心人的上进志向,除非你畏难苟安,无毅力应付,结果才覆败。

遇事不惊,处事不乱。平淡是真,风欲大,心如止水。对人生而言,学会镇定是一笔宝贵的财富。保持镇定的习惯,我们会以豁达的心胸面对起伏的人生,有了平淡心境,精神不会颓废、意志不会消沉、处世不会浮躁、人生轨迹不会偏颇。心素如简,人淡如菊。遇事,你能做到淡定。

心态的平静,是智慧的一块美玉。它是人们绽开的花朵,是心灵的甜美果实。在真理的海洋中,狂风暴雨对它鞭长莫及,遇到危险,沉着应对可以化险为夷;面对意外,冷静处理能够转危为安。

镇定不慌是一种修养,也是一种智慧。镇定的人生,存在于永恒的宁静。有的人面对从天而降的灾难,处之泰然,总能使平静和开朗永驻心中,但有些人面对突变方寸大乱,从此浑浑噩噩、一蹶不振。

其实每个成功人士,没有不经历困难和危险,只不过他们之所以能成功,因为他们能够遇事不惊,在困难面前能够保持心情宁静,并冷静去解决、处理这些事情。

在泰国,有一天,一位太太请客。大家围着桌子坐着,一面吃喝,一面说笑。忽然女主人把女佣人叫来,低声吩咐了几句话。女佣人听了脸色发白,急忙跑了出来。

不一会儿,女佣人端了一碗热牛奶,匆匆穿过客厅,把牛奶放在了阳台上。客人都觉得很奇怪,可女主人仍然有说有笑。又过了一会儿,女佣人把阳台的门紧紧关住，大声地舒了口气。女主人说："好了，现在大家都安全了。"

客人问女主人到底是怎么回事。她说："刚才我们桌子底下有一条眼镜蛇，不过，我现在已经把它关在门外了。"

客人都吓了一跳。女主人说："眼镜蛇来的时候，我不敢惊动它，也不敢告诉你们，只好假装没有事。因为眼镜蛇最喜欢喝牛奶，所以我让人把一碗热牛奶放在阳台上。它一闻到牛奶味，就会跟去。女佣人看见眼镜蛇到阳台上去喝牛奶，就马上把门关起来了。"

一位客人说："你怎么知道眼镜蛇就在桌子底下的？"她说："我能不知道吗？眼镜蛇就盘在我的脚上呀！"

另一位客人说："你为什么不喊我们帮忙呢？"她说："我一喊，你们必定会慌乱起来。大家一动，蛇受了惊，只要咬一口，我的命就完了。"

生活中，每个人都难免遇到一些突发事件，这时，只有保持镇定、冷静分析，我们才能选择有效的解决方法。如果当时女主人慌乱行动，那么大家一定会被恐惧俘虏，结局可想而知。

镇定是一种胆识，更是一种心理谋略。于镇定中思索谋事，能够剔除因惊慌失控的心理影响而导致的对策失误。所以年轻人在日常生活、工作当中遇到困难的时候一定要镇定自持，临事不乱。久而久之，面对困难你就能冷静、正确地泰然处之。所谓"积久成天性，习惯如自然"讲的就是这个道理。

037．切勿喋喋不休地抱怨

[成功密码]

即使我们厄运当头，也要想想与快乐只不过是一线之隔，这样就能减轻压力。下次再想抱怨自己运气不好时，也要换一种想法，庆幸情况并不是更糟，这样你就会高兴起来了。

牢骚满腹，喋喋不休地抱怨，积怨满天飞。如今越来越多的年轻人开始加入到"抱怨大军"的行列中。仿佛有太多的理由让他们抱怨：受雇于他人，加薪没份、升职无门；或者感叹自己才高八斗、学富五车，千里马常在，而伯乐不常有……他们在日复一日的抱怨中，徒增岁长，而技能没有丝毫长进。

任何人的人生路上，有阳光，也难免有阴霾；有坦途，也难免有坎坷；有畅通，也难免有荆棘。所以，在任何时候，都不要为自己所遭遇的一切而失意，只有豁达乐观一些，放弃毫无意义的抱怨，心如止水，平静安神，才能保持清醒的头脑去改变现状，才能从容淡然地走好自己的人生之路。

《伊索寓言》中记载了这样一个故事。

有一头老驴，掉到了一个废弃的枯井里，很深，根本爬不上来。主人权衡一下，认为救它上来根本不划算，于是就走开了，只留下老驴孤零零地在井中。

每天人们不断地往枯井里面倒垃圾。老驴生气极了，不停地抱怨：自己太倒霉了，掉在了枯井之中，主人也不要它了，就连死也不让它死得舒服一点，每天还有那么多的垃圾往身上扔，太受气了。老驴放弃了求生的希望。

可是有一天，它决定改变自己的态度，它每天都把垃圾踩到自己的脚下，从垃圾中找到能维持自己生命的残羹剩饭，把"无用"的垃圾踩在自己脚下，而不是被垃圾所淹没，终于有一天，它重新回到了地面上。"

这个故事告诉我们：碰到事情，最不应该抱怨，我们要想办法改变自己的处境。如果我们整天抱怨，不去改变，我们的事业只会一天天缩小，直至消亡。

所以，年轻人必须要明白：无度的抱怨于事无补，并且只会让事情变得更糟。如果你想要成就一番事业，你就必须去寻找克服困难的办法，冷静乐观地面对种种遭遇，借此克服自身的种种缺陷，命运最终会向你低头的。

排除负面情绪
——情绪是成功的"遥控器"
第五章

真正成功的人生是快乐和幸福的人生。在追求成功的道路上，我们要时常保持淡定，尽人事，听天命，不贪婪，不妄求，不抱怨，知进退，宠辱不惊，得之不狂喜，失之不悲观，你的人生也会更加地美好、圆满。

曾经，有一个商人提着一个非常精美的陶瓷赶路，走着走着，一不小心，"啪"的一声，陶瓷摔在路边一块大石头上，顿时成了碎片。

路人见了，唏嘘不已，都为这么精美的陶瓷摔成了碎片而惋惜。可是那个摔破陶瓷的人，却像没这么回事一样，头也不回一下，照旧赶他的路。这时过路的人都很吃惊，为什么此人如此洒脱？多么精美的罐子啊！摔碎了多么可惜呀。甚至有人还怀疑此人的神经是否正常。事后，有人问这个人为什么要这样？商人说："已经摔碎了的陶瓷，何必再去留恋呢？"

有人曾经说过："有所作为是生活的最高境界。而抱怨则是无所作为，是逃避责任，是放弃义务，是自甘沉沦。"不停地抱怨只会破坏我们头脑中所有积极向上的态度，抱怨久了很容易产生懈怠意识。这样不仅影响了我们心情，耽误工作的进度，还会养成一种惯性，导致恶性循环。

优秀的人绝不抱怨。职场是实现人生意义的地方，当困难出现的时候，请停止抱怨，积极面对，行动起来，做个勤奋的人，别让抱怨囚禁了你。

你是否还在因身边的琐事而抱怨呢？如果是，那么光在背地里唉声叹气、指责抱怨是没用的。拿破仑·希尔说："与其在那里抱怨命运，不如去改变它。"

抱怨是最消耗能量的无益举动。人生在世，总是要有所追求、有所坚持，如果是水，就应该卷起巨浪；如果是泥土，就应该垒台高筑。在任何时候，都不要抱怨，而是行动。抱怨的杯盏只有消沉的苦酒，而行动的乐谱中才有奋发的音符。过多的抱怨只能让你成为回忆的奴隶，而行动却能使你成为笑到最后的强者。

038. 把恐惧拒之门外

[成功密码]

　　每个人都会有各种各样的恐惧，这些恐惧不仅是一种心理阴影，更重要的是，它会阻碍你的行动。如何克服恐惧感？最有效的办法就是：把恐惧拒之门外。或者说，要勇敢地迈出实际的步子。

　　恐惧是人类最大的敌人，不安、忧虑、妒忌、愤怒、胆怯都是恐惧的东西的变相。它剥夺人的幸福与能力，它使人变为懦夫，使人失败、使人流于卑贱，比什么东西都可怕。

　　恐惧有摧残一个人全部生命的恶劣影响，它能败坏人的胃，伤害人的滋养，减少人的生理与精神的活力，因之而破坏了人的全身体的康健。它能打破人的希望、杀掉人的勇气，而使人的心力柔弱以致不能创造出任何事业。

　　许多人对于一切事情，都怀着恐惧之心。他们怕风、怕受寒；他们吃东西时怕有毒，经营商业时怕蚀钱；他们怕人言、怕舆论；他们怕困苦的时候到来；怕贫穷、怕失败、怕收获的不佳；怕雷电、怕暴风。他们的生命，就充满了怕，怕，怕！

　　有个美国年轻人恰逢兵役年龄，他感到很恐惧，每天过得忧心忡忡。

　　父亲看到他神魂不宁的样子，便寻思要好好地开导他。

　　父亲说："孩子啊，有什么害怕的。到了部队，你还有两次机会呢，一个是留在后勤部门，一个就是被分配到外勤部门。要知道，如果你被分配到内勤部门，你的害怕就是多余的，那些工作很轻松的。"

　　父亲的话，并没有让年轻人有一丝的放松，他说："要去哪个部门不是自己决定的，如果被分配到外勤部门呢？"

父亲听了，笑了笑，说："那也没关系啊。即便你到了外勤部门，你还是有两个选择，一个是留在美国本土，另一个是分配到国外的军事基地。如果你被分配到美国本土，那么，你就完全不用担心了。"

年轻人又紧张地说道："那要是被分配到国外的军事基地呢？"

"如果是这样，你还有两个机会。第一个是被分配到和平而友善的国家；第二个，你被分配到海湾地区。如果是前者，那么你就什么事情都不会有。"

年轻人着急地说："可是，我要是真的去海湾了呢？那我不就完蛋了吗？"

"这怎么可能？如果你留在总部，而不是上前线，那么也不会有事。"父亲轻松地说道。

"那我要是上前线了，该怎么办？假设我还受了伤，那我以后该怎么生活？"年轻人又紧张地问。

"受伤也分程度的。也许你只是轻伤，根本无碍的。"父亲说。

年轻人还是不满意，说："那要是不幸身负重伤呢？"

"那很简单，要么保全性命，要么救治无效。如果还能保全性命，还担心什么呢？"父亲安慰道。

年轻人最后问道："天啊，要是救治无效，那我该怎么办啊？"

父亲听完，大笑着说："这更简单了。你人都死了，还有什么可担心的呢？"

恐惧足以摧残人的创造、冒险、大无畏的精神；它足以杀灭个性，而使人的精神机能趋于软弱，大事业不是在恐惧的心情下可做成的。一旦怀了恐惧的心理、不祥的预感，则做什么事都不能有效率。恐惧代表着、指示着人的无能与胆怯。这个恶魔真是从古到今的最可怕的人们幸福与希望的刽子手与人类事业的破坏者啊！卡耐基曾说："恐惧足以缩短人的寿命，因为它足以损害人的身体生理机能。它真的能改变人身的各部分营养液的化学组织，恐惧能使人早老，也能使人早死。世界上不知有多少的人，是被恐惧这恶魔冤枉地送入坟墓！它破坏了人类心理的平衡，因之驱人类入于种种的罪恶不幸中，而造成了无数的人间悲剧。"面对看似巨大的打击，不要逃避。你将惊讶地发现，恐惧正在节节消退。

美国著名总统罗斯福小时候就是一个懦弱而胆小的人。在课堂之上，他总是心慌意乱、胆小怕事，不敢轻易发言，甚至连和其他同学交流都不敢。有时候，他连正常呼吸都好像在喘大气一样。偶尔被老师叫起来背诵或者发言，他的两腿就发抖，嘴唇也会颤抖不已。在回答问题的时候，他总是含糊其辞，因此，他经常受到同学和同伴的嘲笑。

然而，他没有理会，他知道要克服自己恐惧的心理，让自己强大起来。在中学期间，他不断挑战自己，开始练习当众演讲。刚开始，他也总是战战兢兢，但是几次之后，他完全克服了怯懦。

大学时候，他的演讲虽然没有过人之处，但是它的声音洪亮、姿势威严，虽然没有惊人的辞令，但确实已经成为当时最为重要的演说家之一。

后来，他就是凭借自己非凡的演说才能，成为美国历史上著名的总统之一。

"每个人都有害怕的时候，但是勇敢者会将畏惧放置一边，继续勇往直前，结果会走向死亡，但更多的则是通向胜利。"这是古希腊一位先哲的名言。人生本来就是一场探险，最有成就的是那些敢于尝试的人，不敢冒险的船舶永远无法离岸远航，享受大海的壮阔气势。

039. 放下仇恨

[成功密码]

　　仇恨给人体带来的巨大伤害是什么都不及的，甚至苦难、疾病、有缘由的烦恼都望尘莫及。因此，我们一旦心中有了仇恨，就应该立刻制止它，以欢乐的思想取而代之，为有价值的事省下上天赐予我们的宝贵精力。

有一位作家说："即使我们没办法爱我们的敌人，起码也应该多爱我们自己一点。我们应该不让邪恶控制我们的心情、健康和容貌。要想真正宽恕忘却我们的敌人，最有效的办法还是付诸比我们更强大的力量。如果我们可以忘记一切，侮辱也就无足轻重了。永远不要对敌人心存报复，那样对自己的伤害将大于对别人的伤害。"

仇恨是恶魔；仇恨是毒瘤；仇恨是重负。它让人们相互倾轧、相互远离、彼此陌生。人若选择了仇恨，那么他就选择了黑暗，选择了包袱，选择了毒药。仇恨成为笼罩在头上不可挥去的阴霾。仇恨会使年轻人失去太多理想，走过太多弯路，而消除仇恨，我们将会获得很多。

因此，放下仇恨，才能拥有快乐。放下仇恨，就要学会宽恕。正如雨果所说："最高贵的复仇是宽容。"

宽容是人性中最美丽的花朵，宽容是一种生存的智慧。它可以融化人内心的冰点；可以滋润人内心的焦渴；可以慰藉人内心的不平，给这个世界带来快乐和希望。莎士比亚说："不要因为你的敌人而燃起一把怒火，炽热得能烧伤你自己。纵观古今中外，大凡胸怀大志、目光高远的仁人志士，无不是大度为怀、置区区小利于不顾者。相反，小肚鸡肠、对片言只语也耿耿于怀的人，没有一个是能成就大事业的人，没有一个是有出息的人。"

亚伯拉罕·林肯是美国第16任总统，是世界历史中最伟大的人物之一，领导了拯救联邦和结束奴隶制度的伟大斗争。人们怀念他的正直、仁慈和宽容的个性，他一直是美国历史上最受人景仰的总统之一。

林肯总统政敌较多，但他一直以宽容对待，从不跟他们斤斤计较。后来引起一些议员的不满，议员建议他："你为什么要试图与他们成为朋友呢？你应该想办法去打击他们，消灭他们才对。"

林肯总统温和地回答说："我难道不是在消灭政敌吗？当我使他们成为我的朋友时，政敌就不存在了。"多一些宽容，心胸就会宽广，自己也会活得快乐一些。

有哲人说过，天空收容每一片云彩，不论其美丑，故天空广阔无比；

高山收容每一块岩石，不论其大小，故高山雄伟壮观；大海收容每一朵浪花，不论其浊清，故大海浩瀚无涯。这无疑是对宽容的一种诠释。宽容是一种智慧，更是一种处世技巧。

在人际交往上，允许别人的谈吐不怎么珠圆玉润，不怎么温馨得体，允许他人与自己产生摩擦、误会，允许他人质疑，允许他人轻视，允许他人心口不一，允许他人不客气，允许他人不真诚，甚至允许他人仇恨自己，抛下怨恨，宽以待人，这样我们的人格就更加延续着，升华着……

人在社会交往中，难免会与别人产生摩擦、误会甚至仇恨。面对这些，你若选择了仇恨，那么你将在黑暗中度过余生；而一旦你选择了宽恕，那么就能将阳光洒满大地。

假如对生活中任何不顺心的事情都能一笑而过，那么，还有什么事情能使你不开心呢？记住，放下仇恨，学会宽恕，你的生活就充满阳光。

040. 揭开忧虑之谜

[成功密码]

忧虑就像是在不停地往下滴的水珠，而那不停地往下滴、滴、滴的忧虑通常会使人心神发狂，甚至自杀。

调查研究表明：人们担忧的事情中有40%从未发生过；30%的忧虑是过去发生过的事情，是无法改变的；12%的忧虑集中于别人出于自卑而作出的批评，这些忧虑是多余的；10%的忧虑是那些琐碎的事情；只有8%的忧虑可以列入"合理"范围，而8%当中有4%的事情是完全不能控制的。以上数据说明，引起紧张（害怕）的所有问题中，真正值得担忧的问题平均还不到1个。

总之，人生有93％的烦恼都是不必要的，它们只存在于人们的自我想象中，往往并不会发生。

忧虑，幸福人生的破坏者；忧虑是一种极具破坏的情绪，当忧虑腐蚀了你的心灵，灾难将无法阻挡。卡耐基曾形象地说："再没有什么会比忧虑使一个女人老得更快，而摧毁了她的容貌了。"

据《在沙漠上的生物》一书记载：在遥远的撒哈拉沙漠有一种特殊的土灰色的沙鼠，与其他鼠类不同的是，它有一种特殊的习惯：每当旱季来到之时，它们都要囤积大量的草根，以备在旱季来临之时渡过难关。但是让人不理解的是，哪怕自己所囤积的草根足以让它们度过旱季了，沙鼠们还是会不停地寻找草根，运回巢窟。对它们来讲，好像只有这样，才能让自己踏实起来，否则便焦灼不安。

后来，研究人员发现，这种沙鼠囤积大量的草根是因为其内在的遗传基因所造成的，也是沙鼠本身的一种担心所导致的。在这种忧虑的影响下，它们就会将自己要囤积的草根多于实际需求量的几倍，甚至十几倍。事实证明，沙鼠这种多余的劳动往往是毫无意义的。

众所周知，当代医学界所用的实验老鼠就是小白鼠。后来，曾经还有人提出要用这种沙鼠来代替小白鼠进行医学实验。因为沙鼠的个头比小白鼠更大一些，更能够准确地反映出所测药物的特性。但是几乎所有用沙鼠做过实验的人都认为，沙鼠并不好用，因为它们一到笼子里就会变得十分不安。尽管它们整天都过得非常舒服，但是沙鼠还是一个接一个地死去了。研究人员也发现，这主要是因为沙鼠无法囤积草根而引发的极度忧虑而导致其死亡的。其中，它们的死亡并非由于外界环境的变化，而在于它们内心的忧虑。

耶稣基督说："你们不要为明天忧虑，因为明天自有明天的忧虑。一天的苦足够一天受的了。"你虽不能改变过去，却能因为担心未来、无事生非，而摧毁美好的现在。

忧虑是成功的腐蚀剂，年轻人想要成功就必须甩掉你的忧虑。忧虑不仅对于我们没有任何好处，反而只会徒增烦恼，让生活状态更加恶化。生活中，如果确实有一些糟糕的事让你忧虑，你必须试着多花点时间和精力去改善它，奇迹就会出现。

卡耐基曾建议他的学员采取以下四个步骤，通常可以消除 90% 的忧虑。

第一，清楚地写下我们所担心的是什么；

第二，写下我们可以怎么办；

第三，决定该怎么办；

第四，马上就照决定去做。

总之，忧虑是人类一种庸人自扰的负面情绪，它只会让你越陷越深。想要快乐，就请你甩掉多余的忧虑；想要成功，就不要让忧虑腐蚀了你。

人的精力是有限的，如果过多的忧虑淤积在心底，心灵就会负载过重的包袱，就会没有精力去做快乐的事情，去感受快乐的滋味。

人生的进程就像一次旅游，沿途有着美丽的风景，也有高山、江河的阻隔。世间不如意之事常十之八九，在你的前方不知是一番怎样的场景。为此，为了明天的事，年轻人不必过多的考虑，从容面对人生旅途中各样的小插曲：或喜、或悲、或惊、或诧、或忧、或惧，花开花谢，沧来桑往，不以物喜，不以己悲，鲜花的芳香就会在你的鼻边醉人地萦绕，华丽的彩蝶就会在你身边曼妙地起舞。

041. 冲动是魔鬼

[成功密码]

　　生活中，人都不可避免地会遇到一些让人不能接受的事情，这个时候我们一定要保持冷静，千万不能让愤怒之火湮没理智。做事过于冲动，会让你咽苦果，也许会让你后悔终生。

　　冲动是精神的激荡，心灵的异常。冲动是一种最具破坏性的情绪。当冲动吞噬了你的心灵，灾难将无法阻挡。在生活中，将人们击垮的，有时并不是那些大的灾难，而是我们不善自控的性情。

　　俗话说："冲动是魔鬼。"它会冲昏我们的理智，让我们做出错误的判断与决策。一个无论多么优秀的人，在冲动的时候，都难以做出正确的抉择。从历史中的很多悲剧里，我们都可以找到它的影子。三国中的两员名将吕布和张飞，虽说都骁勇善战，但因做事冲动、意气用事的性格，造成了一个兵败走定陶，一个身首异处的悲惨下场。年轻人要想成就一番事业，就要想办法战胜它。

　　冲动是人类情绪中的顽疾。冲动有时会导致不可思议的后果；冲动有时会产生不必要的损失；冲动有时甚至会毁灭一切。

　　有一个猎人，他养了一只极通人性的爱犬。每天猎人打猎的时候，他的爱犬就留在家帮他看管他 3 岁的孩子和他所有的财产。

　　有一天猎人回来了，但他惊恐地发现他的爱犬满身是血地坐在地上正再向他叫，同时，他 3 岁的孩子也不见了。

　　见此情景，猎人心想：莫非是它饿极了，而把我的孩子吃掉了。想到这里，猎人顿时失去理智，举起枪，他的爱犬倒在了血泊中。

　　就在枪声过后，他听到了自己孩子的哭声，寻着哭声，他在自己家一间屋子的床底下发现了自己的孩子，并且在床边看见了一头已经死去的狼。

这时，猎人一下子全明白了，他竟一时冲动，打死了拼命保护自己孩子的爱犬，猎人后悔莫及，抱起自己的孩子跪在自己的爱犬身边，失声痛哭。

生活中，年轻人都不可避免地会遇到一些让人不能接受的事情，这个时候我们一定要保持冷静，千万不能让愤怒之火湮没理智。做事过于冲动，会让你咽苦果，也许会让你后悔终生。

刚刚毕业的年轻人，大都血气方刚，青春有热血、有豪情，但是往往缺乏理智，只凭一时的想法和情绪办事，结果造成难以挽回的局面，后悔也为时已晚。

一忍可以成百勇，一静可以制百动。人在发怒的时候最容易冲动，这时候的愤怒之心如猛烈的火焰，邪欲之念如滚烫的沸水，一定要用理智加以抵制。真正成大事者，皆有能屈能伸的张力。他们为了心中的宏伟目标，隐忍不发，"十年磨剑"，努力提高自己的素质，等待时机一冲飞天。

培根曾说："每个人都有控制情绪失灵的时候，每个人都会冲动。如果你不注意心平气和的性情、清醒的理智，培养交往中必需的沉着冷静，一旦触到导火索，就会暴跳如雷、情绪失控，从而把自己美好的人生毁掉，最后只会使自己陷入自毁的囹圄。"这句话对于一些意气用事的年轻人来说尤为合适。年轻人因为不懂得克制自己的情绪，很容易就不分场合地发泄出来，还未耐心地听人解释，就让"情绪"成了自己的主人。

042. 情商比智商更重要

[成功密码]

　　一个人是否能够成功，智商因素只占20%，出身、环境、机遇等占20%，情商占60%。可见，高情商对于事业的成功更重要。

所谓情商，又称情绪智力，它主要是指人在情绪、情感、意志、耐受挫折等方面的品质,是测定和描述人的"情绪情感"的一种指标。具体包括情绪的自控性、人际关系的处理能力、挫折的承受力、自我的了解程度以及对他人的理解与宽容。

这是一种发掘情感潜力、运用情感能力影响生活各个层面和人生未来的关键性的品质要素。高情商是成功人士所必须具备的。

曾经有位记者刁难一个企业家:"听说您在大学时某门课重修了很多次仍旧没有通过。"

这位企业家平静地回答:"我羡慕聪明的人,那些人能成为科学家、工程师、律师,等等。而我们这些愚笨的人可怜虫只能管理他们。要成为卓越的成功者,不一定智商高才可以获得成功的机会,如果你情商高,善于发掘身边的资源,甚至利用有限的资源拓展新的天地,滚雪球似的积累自己的资源,那么,你也将走向卓越。"

情商对于一个人如此重要,那么如何提高自己的控制能力,如情绪呢?

① **加强思想修养**

人的自制力在一定程度上取决于他们的思想素质。一般来说,具有崇高理想和抱负的人决不会为区区小事而感情冲动产生不良行为。因此,要提高自制力最根本的方法是树立正确的人生观、世界观,保持乐观向上的健康情绪。

② **提高文化素养**

一般来说,一个人的文化素养同其承受能力和自控能力成正比。文化素质比较高的人往往能够比较全面、正确地认识事物,认识自我和他人的关系,自觉地进行自我控制、自我完善。

③ **稳定情绪**

用合理发泄、注意力转移、迁移环境等方法,把将要引发冲动的情绪宣泄和释放出来,保持情绪稳定,避免冲动。

④要强化自我意识

遇事要沉着冷静，自己开动脑筋，排除外界干扰或暗示，学会自主决断。要彻底摆脱那种依赖别人的心理，克服自卑，培养自信心和独立性。

⑤要强化实践锻炼

一方面要加强学习，积累知识，开阔视野，用知识来武装和充实自己，提高自己分析问题和解决问题的水平，并通过学习别人的经验来扩展自己决断事情的能力；另一方面，要积极投身到部队生活实践中去，刻苦锻炼，不断丰富经验，提高自己的适应能力。

⑥要强化意志力量

要培养自己性格中意志独立性的良好品质。对自己奋斗的目标要有高度的自觉。只要你经过自己的实践，认准的事，就应义无反顾地走下去，想方设法达到预期目的。不必追求任何事情都做得十全十美，不必苛求自己没有一点失败，不必过多地注意别人怎样议论你。

⑦调整好需要结构

当需要不能同时兼顾时，抑制一些不可能实现的需要。如古人所云："鱼我所欲也，熊掌亦我所欲也，两者不能兼得，舍鱼而取熊掌也。"

⑧要强化积极思维

俗话说："凡事预则立，不预则废。"平时注意经常思考问题，增强预见性，关键时刻才能及时、果断、准确地做出选择。

第六章

圆润人际交往

——社交是成功的"桥梁"

043. 成功＝15％的技能＋85％的社交

[成功密码]

　　一个人事业上的成功，只有15％是由于他的专业技术，另外的85％要依赖人际关系、处世技巧。软与硬是相对而言的。专业的技术是硬本领，善于处理人际关系的交际本领则是软本领。

　　在现实社会中，成功离不开良好的交际。正如卡耐基所说："一个人事业上的成功，只有15％是由于他的专业技术，另外的85％要依赖人际关系、处世技巧。"可见，交际在成功诸因素中的重要地位。

　　人是群居动物，人的成功只能来自于他所处的人群，即我们所说的人际网络。只有在这个网络的交往中如鱼得水，才可为事业的成功开拓宽广的道路。

　　没有非凡的交际能力，免不了处处碰壁。无怪乎美国石油大亨洛克菲勒曾总结自己的成功经验：与世界上所有的能力相比，我更关注与别人的交往能力。而他就是因为卓越的人际沟通能力成就了自己辉煌的事业。

　　年轻的杰克出生于工人家庭，平日也没有什么朋友。而彼特先生则有很多同学和朋友，而且他的朋友都是学有所长的社会精英。他是一名十分出色的保险顾问，而且还有许多的赚钱渠道。杰克与彼特两个人的世界有着天壤之别，所以，他们的保险业绩也是天壤之别。

　　不久以后，彼特就攒到了自己的第一桶金，又利用各种朋友关系，打开了创业的新局面。刚开始没有什么创业经验的他在朋友的建议下加盟了一家服装品牌店，不久，由于他经营不善，就失败了。

　　后来，他又利用朋友关系，开了一家餐饮店，结果又因为一些原因失败了。随即他根据自己的特长，又利用海外同学的关系，做起了外贸生意，并开始了他的创富之路。三年下来，他的生意也越做越大，赚了不少钱。

而杰克则还在原来的保险公司继续做着他的保险顾问。

彼特凭借自己广泛的人际关系，获得了众多的发展机遇。虽然经历了失败，但是，正是因为他的失败，才铸就了他后来的成功。而杰克与彼特有同样的起点，但是由于缺少人际关系，几年后与彼特的差距更是天壤之别。

好莱坞流行这样一句话："一个人能否成功，不在于你知道什么，而是在于你认识谁！"人际关系是事业发展的情报站。在这个信息发达的时代，拥有无限发达的信息，就拥有无限发展的可能性。那么，在事业中如何寻找更多的人来为你铺石开路呢？

①积极参与社交

一个人整天待在自己的小范围里，如同井底之蛙，看不到外面的世界。积极参与社交活动有助于得到机会，得到发展。

年轻人应该勇敢坚定地打开心灵的门窗，走出个人小天地，积极参与社交活动。丰富的社交生活不仅能使人快乐，而且还能获得别人的帮助。

②多结交一些学识渊博、经验丰富、阅历较深的人

一般来讲，他们提出的意见具有前瞻性、深刻性的特点，获得这些人的帮助才有可能走出一条正确的路。

③放下自卑，主动出击

交际活动是机遇的催产素，主动开发资源、捕捉机遇，成功的彼岸就离你更近了。所以，年轻人应放下自卑，主动到人际交往中去，充分发挥自己的交际能力，不断扩大自己的人际网，发现和抓住难得的发展机遇，进而拥抱成功。

044. 赠人玫瑰，手有余香

[成功密码]

人际关系是人与人之间的沟通，要学会从给予中获得快乐和升华。

给予，是黑暗中的一盏明灯，给人带来光明，同时也给自己指引方向；给予，是冬日里的一把火，给人带来温暖，同时也温暖了自己的心田；给予，是沙漠中的一股甘泉，给人久旱后的滋润，也给人以希望。

从前，有个人在茫茫沙漠中迷路了两天。食物和水全部用完了。当他快支持不住的时候，突然发现了一幢废弃的小屋。

这是一间不通风的小屋子，里面堆了一些枯朽的木材。他几近绝望地走到屋角，却意外地发现了一台抽水机。抽水机旁，有一个用软木塞堵住瓶口的小瓶子，瓶上贴了一张泛黄的纸条，纸条上写着：你必须用水灌入抽水机才能引水！

这时，这个人就想，喝下这点水自己就能活命，如果将瓶中的水倒入抽水机中，要是抽不上来，自己不就要死了。

这个人思前想后，最后还是决定试着把瓶子里的水倒入抽水机中，果然，水哗哗地从抽水机中流了出来。

这个人美美地喝了一顿，又把自己的水袋装满了水，继续赶路了。

这个人面临着艰难的抉择，要么把这水壶中的水喝下去就能解燃眉之急，要么按纸条上所说的，把这壶水倒进抽水机里，喝到更多的水，以保自己能走出沙漠；如果倒进去之后抽水机不出水，岂不白白浪费了这救命之水？相反，他下决心照纸条上说的做，果然抽水机中涌出了泉水。要想让生命之泉不干涸，就得先将水注入抽水机，欲取之必先予之，万物同理。

　　我们每个人总是想获得很多的东西：名誉、地位、财富……但往往忘记了，想要索取，应先给予。天上不会掉馅儿饼，没有什么东西是可以不劳而获的。任何东西的获得都需要通过自己的付出去换取。有所得就有所失，成功便是如此。

　　赠人玫瑰，手有余香。年轻人在索取一些东西的时候要考虑一下你们有没有先给予，没有给予的索取是不能长久的。如果你慷慨行事，那么你将得到同样慷慨的回报。

　　在一个风雪交加的寒冷夜晚，有一对年迈的夫妇来到路边一家简陋的旅店投宿。不幸的是，这间小旅店早就客满了。

　　"这已是我们寻找的第10家旅馆了，这鬼天气，到处客满，我们怎么办呢？"这对老夫妻望着店外阴冷的夜色发愁。

　　店里的小伙计不忍心让这对老年客人受冻，便建议道："如果你们不嫌弃的话，今晚就住在我的床铺上吧，我自己打烊后在店堂打个地铺。"

　　老年夫妻非常感激，第二天要按照房价付客房费，被小伙计坚决拒绝了。临走时，老年夫妻开玩笑似的说："你经营旅店的才能真够得上当一家五星级酒店的总经理。"

　　"那敢情好！起码收入多些可以养活我的老母亲。"小伙计顺口应和道，哈哈一笑。

　　不料想两年后的一天，小伙计收到一封寄自纽约的挂号信。信中附有一张来回纽约的双程飞机票，信里邀请他去拜访当年睡他床铺的老夫妻。

　　小伙计来到繁华的大都市纽约，老年夫妻把他引到第五大街三十四街交汇处，指着一幢摩天大楼说："这是一座专门为你兴建的五星级宾馆，现在我们正式邀请你来当总经理。"

　　晴天留人情，雨天好借伞；予人方便，自己方便。年轻人在人际交往中，多点帮助、关怀别人，这样不仅帮助了别人，同时也帮助了自己。

045. 用赞美拥抱世界

[成功密码]

要想让这个世界更快乐，其实轻而易举。为什么？只要对寂寞灰心者说几句真诚的、赞赏的话就可以了。虽然你可能明天就忘记了今天说的话，但接受者可能珍视一生。

林肯说："人人都喜欢称赞"；哲学家詹姆士指出："人类本质中最殷切的要求是渴望被他人赞赏，这是人类之所以有别于其他动物的地方。一个人，无论他从事什么职业，都渴望受到别人的重视，得到别人的赞美。"

在人际交往中，赞美是人际交往的润滑剂。它不仅可以消除人与人之间的隔阂，还能增进彼此之间的友谊。

然而，对于大多数刚刚毕业的大学生来说，之前只听到别人赞美自己，而现在动辄对别人刮起冷言批评的寒风，更不情愿赞美他人，送去温暖和煦的阳光，从而使自己的发展受到了很大的限制。

有一个小故事：

从前，美国阿拉斯加有一个猎人，善于打猎，附近的人纷纷前来拜师。

一天，猎人只猎得两只兔子回来。甲看见后冷漠地说："你一天只打到两只小野兔吗？真没用！"

猎人不太高兴，心里埋怨起来，你以为很容易打到吗？于是没理甲就扬长而去。

甲灰溜溜地走了。

乙遇到猎人时则恰恰相反，他看到猎人带回了两只兔子，欢天喜地，"你一天打了两只野兔吗？真了不起！"

猎人听了满心喜悦，心想两只算什么。

于是，猎人驻足脚步，停了下来，耐心地跟他讲他是如何打到这两只兔子的：怎样去寻找兔子的藏身之地；怎样靠近兔子，才不会被发现……说了很多有关猎取兔子的经过。

乙耐心地听着，猎人看到了乙拜师学艺的诚意，不仅收了他做自己的徒弟，两个人还成为了好朋友。

这个故事告诉我们，赞美是一朵艳丽的花朵，赞美是一抹温暖阳光，有赞美的地方就有和谐的春天，有赞美的地方就有收获的希望。马克·吐温说："一句好话，抵得上我半年的口粮。"的确，没有人不喜欢赞美的话。

赞扬的力量是巨大而神奇的。社会心理学家认为，受人赞扬，被人尊重能使人感到生活的动力和做人的价值。美国心理学家杰丝·雷耳说："称赞对温暖人类的灵魂而言，就像阳光一样，没有它，我们就无法成长开花。"有时候，一句赞扬的话或者一个赞许的目光，都会对一个人产生巨大的鼓舞；特别对一个遭受人生挫折的人，别人的赞扬就像一把火炬，不仅会点燃奋进的希望之光，而且还可能改变其一生的命运。

卡耐基小时候是一个公认的、非常淘气的坏男孩。在他9岁的时候，父亲把继母娶进家门。当时他们是居住在弗吉尼亚州乡下的贫苦人家，而继母则来自较好的家庭。

他父亲一边向她介绍卡耐基，一边说："亲爱的，希望你注意这个全县最坏的男孩，他可让我头疼死了，说不定会在明天早晨以前就拿石头扔向你，或者做出别的什么坏事，总之让你防不胜防。"

出乎卡耐基意料的是，继母微笑着走到他面前，托起他的下巴看着他，接着又看着丈夫说："你错了，他不是全县最坏的男孩，而是最聪明、但还没有找到发泄热忱的地方的男孩。"继母说得卡耐基心里热乎乎的，眼泪几乎滚落下来。就因这一句话，他和继母开始建立友谊。也就是这一句话，成为激励他的一种动力，使他日后创造了成功的28项黄金法则，帮助千千万万的普通人走上成功和致富的光明大道。因为在继母到来之前没有一个人称赞过他聪明。

一个肯定的眼神、一阵轻轻的掌声、一句轻轻的赞许，都足以温暖一个人的心灵，能使别人如沐春风，为你赢来一份好感、一份友谊、一份收获。赞美的作用在于，在你赞美别人的同时，别人也会给你回报。在人际交往中，你不但推销了对方，也在间接中推销了你自己。

赞美他人即是一种关心他人的方式，也是一笔暂时看不到利润的投资。

因此，年轻人要记住，不要吝惜你的赞美，从现在起解开束缚，敞开心扉，把赞美及时送给别人，人与人之间才不再陌生，更不再冷漠。

046. 谦让是不可弃的美德

[成功密码]

在人生的道路上能谦让三分，即能天宽地阔，消除一切困难，解除一切纠葛。

"径路窄处，留一步于人行，滋味浓处，减三分让人尝。"谦让，是一种美德；谦让，是人生前行的一张通行证；谦让，是幸福微笑的一包催化剂；谦让，是和谐相处的重要条件。

人与人之间的和谐共处，贵在谦让。谦让是一种深厚的涵养，它是一种善待生活、善待别人的境界，能陶冶人的情操，带给你心灵的恬淡与宁静。它不但可以改善自己与社会的关系，还可以使自己的心灵得到慰藉与升华。

戴尔·卡耐基初到电台工作时只是一个无名小卒，他为了扩大自身的影响力，勤奋努力地工作从未间断过。

但也难免会有些失误。一次,在电台上介绍《小妇人》的作者时,失神大意而说错了地理位置。其中一位听众就狠狠地写信来骂他,把他骂得体无完肤。

那时的卡耐基因为没有什么知名度,还很少能收到听众的来信。可没想到少有的几封来信中,竟然是这样让他备受打击的言辞。他当时真想回信告诉她:"我把区域位置说错了,但我还从来没有见过像你这么粗鲁无礼的女人。"但卡耐基控制住了自己,没有向她回击。他深吸了一口气,仔细地想了想,不管措辞如何,最起码说明已经有人开始关注他的节目了。他鼓励自己将敌意化解为友谊。他自问:"如果我是她的话,是否也会像她一样愤怒?"他尽量站在对方的立场上来思索这件事情,因为卡耐基深知,只有获得听众的认可,才是一名优秀的电台主持人走向成功的基础。

他打了电话给那位太太,再三向她承认错误并表达歉意。这位太太终于表示了对他的敬佩,希望能与他进一步深交。

可见,谦让是一种豁达的挚爱,就如一泓清泉浇灭哀怨、愤怒之火,可以化冲突为祥和,化干戈为玉帛。谦让又是一种高尚的品德,别人冲撞了你,内心也会感到不安,你以谦让待人,自然会得到别人的理解与拥戴。

卡耐基曾说:"不要让恨意充满你的心。与人发生磕碰时,不要害怕让步,因为,只有小人物才总是坚持己见以维护尊严;愿意主动伸出手与人言和坦承自己的错误,并提议重新开始的人,才称得上是气度宽宏的人。"

当一个人受到戏弄、打击、污辱时,就会怒火中烧。暴躁易怒的人,动辄发火、伤身、害人、损物。但智者学会谦让,小忍可以避免争端,大忍可以大事化小,并且可以修身养性。没有谦让,就没有平静;没有谦让,就没有和谐;没有谦让,就不存在友谊;没有谦让,就谈不上远大的理想。

以前,有一个商人与一个农夫同时过一座独木桥。

两人在一起,商人想到东面去,农夫想到西面去,两个人谁也没有让谁。

商人想：一个农夫，派头倒真大，敢不让我。农夫也是这样想：你不就比我有钱点儿，有什么了不起的，你不让我也不让。

直到下午，两个人都因体力不支而掉入河中。

为一己私利，而互不相让，往往是两败俱伤。

和谐社会需要谦让，生活处世需要谦让，与人交往需要谦让。因此学会谦让便可以让人们在人生的道路上，少走一些弯路，不仅只是方便了别人，也方便了自己。

谦让可浇灭心头的怒火，谦让可消融冰封的江河。有了谦让，天空就一片晴朗；有了谦让，道路就无比宽广。年轻人，奔走在奋斗的道路上，一定要学会谦让。

好的人际关系对人们的心情愉快、事业成功无疑有着重要的作用。而在人际交往过程中，难免会发生一些摩擦，这时要处理好人际关系，解决好这些问题，就要靠两个字：谦让。

047. 微笑是最美的语言

[成功密码]

只要你时时超越自我情绪的困惑，让面孔涌起微笑，就会感染他人，形成你与他人之间人际关系的良性循环。

微笑之美源于瞬间绽放的美丽，是一种直入人心的欢喜之音。

微笑是世界上最美丽的容颜；微笑是世界上最强大的力量；微笑是世界上最流畅的沟通。一个真实的微笑能撼动人心，改变世界。

人们都说，微笑是走进他人心灵的通行证，是朋友间最好的语言。一个发自内心的微笑，胜过千言万语。无论是初次谋面或相识已久，微笑都能缩短人与人之间的心理距离，为深入沟通与交往创造温馨、和谐的氛围。因此微笑是人际交往的润滑剂。

在人际交往中，没有微笑，世界是冰冷的。在社交中，有时会有一些你不愿意接受、不太喜欢的东西，从而让你不愿跟别人交往，使得人际关系陷入泥潭中，这时，若有一缕晨风、一米阳光、一抹微笑，生活就宛如一泓碧水，静如处子，脉脉含羞！

我想任何一个人都不愿意接近一个"冷面"的人，若能有一个甜美的微笑，即使是一朵无名的小花，也会在幽谷里芬芳四溢、四季常春。

微笑，如甘醇，使人沉醉；如花香，使人痴迷。一个微笑，柔情万千、魅力无限，宛如春风细雨，滋润了人们干涸的心田；又如明媚的春光，抚慰了人们孤寂的心灵。

在人际交往中，为别人带去微笑，笑过后是一片余晖，随着一片昏黄，或是一片光明……

卡耐基曾对微笑艺术提出了几点建议：

首先，对于这个世界与人类，你必须保持正确的心态。做不到这一点，你不可能真正成功。就算是应付性的微笑，也还是有益的，因为那带给别人的快乐，终必像回力球一样回到你身上，带给他人快乐的感受，会让你自己觉得快乐，因此，不久你就能真心微笑了。

当你微笑时，你是将心中不快与造作的感觉抚平。对他人微笑，等于是在隐约地告诉他，你喜欢他，起码有某种程度的喜欢，他会接收到这份含意，也因此更喜欢你，试着养成微笑的习惯吧！你不会有任何损失的。

年轻人，微笑吧，收获在微笑中继续。只要一个甜美的微笑，或许就承载了满满的爱，或许就能改变世界。

微笑如一缕春风吹在人的心房；微笑如冬日里那一束束阳光，洒满大地，温暖人心；微笑如浩瀚沙漠中的一汪清泉，给人希望。交换一个笑容，便能让友情常驻心间。

卡耐基训练过一个丈夫，这个丈夫不会笑，家庭中充满了一种紧张的气氛。卡耐基训练他一个星期后，他会笑了，第一次笑，第二次笑，第三次笑，卡耐基说好了，差不多可以回家了。回家后第二天就跟他妻子笑，第一次笑给他妻子吓住了，心想我老公怎么回事，怎么这个样子，第二次又笑了，第二次笑他的妻子就很高兴，到第三次笑的时候，他的妻子开心得不得了。从此家庭充满了欢乐。

生活智慧：你的微笑就是你好意的信使。你的微笑能照亮所有看到它的人。一个微笑，就像穿过乌云的阳光，足以穿透人的灵魂，拉近人与人之间的距离。

康拉德·希尔顿曾说："如果我的旅馆只有一流的设备，而没有一流服务员的微笑的话，那就像一家永不见温暖阳光的旅馆，又有何情趣可言呢？"微笑代表了友善、亲切、礼貌与关怀，它能使人浑身舒畅。

048. 对别人无限地感兴趣

[成功密码]

只要真正对人感兴趣，两个月内，你就会交到很多朋友，绝对比你两年内想吸引别人注意所交到的朋友更多。换句话说，交朋友的另一个方法是自己先成为别人的朋友。

"对别人不感兴趣的人不仅一生中困难最多，对别人的伤害也最大。人类所有的失败，都出自这种人，人类所有的失败都发生在这一类人中。"这是奥地利著名心理学家阿尔弗雷德·阿德勒在其《生命对你的意义是什么》一书中所说的。由此看来，要想最快地拉近彼此之间的距离，那么首先就要对他人保持浓厚的兴趣。

卡耐基曾向他的学员讲过两个故事：

有一次，卡耐基在纽约大学选修一门短篇小说写作课程，在课程中，柯里尔杂志的主编到班上讲课。他说，他拿起每天送到他桌上的数十篇小说，只要读几段，就能感觉出作者是否喜欢别人。"如果作者不喜欢别人，"他说，"别人就不会喜欢他的小说。"

这位激动的主编，在讲授小说写作的过程中说："我现在所告诉你们的，跟你们的牧师所告诉你们的，是完全相同的东西。但是，请记住，你必须对别人感兴趣，如果你要成为一名成功的小说家的话。"

如果小说写作真是如此的话，你可以肯定，待人处世尤其是如此。

另外一个：

一位魔术师詹斯顿的成功秘诀，他在拥有高超的演技的同时，最重视的就是观众，每次上台的时候，他都会一次次地对自己说"我很感激这些观众，因为他们来看我的表演，使我增加了收入，过着很好的生活，我要把最出色的演技表演给他们看，我爱我的观众"。

生活中，如果年轻人能真诚地对他人感兴趣的话，我们的生活中就不会有那么多的困难，甚至是没有困难存在了。因为你是真正地站在他人的角度考虑问题，设身处地地为他人着想并且在想怎么去解决所面对的困难。

舒曼·海恩克夫人对卡耐基说过类似的话。即使饥饿和伤心，即使生活中充满这么多的悲剧曾使她有一度差点杀死自己和她的婴孩——即使这么不幸，她一直唱下去，终于成为有史以来最卓越的华格纳歌唱者。她坦白地说，她成功的秘诀之一是，对别人无限地感兴趣。

在人际交往中，要让他人对你感兴趣，那么首先要对别人感兴趣。如果我们老是在别人面前表现自己，只想别人对我们感兴趣，我们将永远不会有很多朋友。

对别人无限地感兴趣，其实就是善待别人、关心别人、尊重别人。有位著名的罗马诗人贺拉斯说过"我们对别人感兴趣，是在别人对我们感兴趣的时候"。生活中每个人都会觉得自己很重要，每个人都希望被看重。如果对方感觉到你对他的事情表示关注，那他就会认为他在你心中已经有了位置。特别是在第一次和别人交往时，你对对方表示关注，那么就会极大地满足对方的自尊心，赢得他人的好感。而同样，他对你的关注度就会相应地加强。

049. 信守承诺

[成功密码]

与人有约，表示你已经取得他人的一点信任，如果你不能守信，你就等于从对方那儿不告而取——当然不是偷取他口袋里的钱财，而是盗取他的时间，一种他失去后永不能复得的东西，你也就失去了他对你的信任。

昆德拉在《生命不能承受之轻》中说："所谓人生，即是周而复始的诚实、友好、信任的给予与被给予。"不错，承诺是金，但它比金子更宝贵；承诺是歌，但它比歌声更悦耳；承诺是诗，但它比诗更动情。诚信是一笔宝贵的财富，拒绝诚信的人生绝不会是一个出色的人生。

从前，佛罗里达州有个有钱的商人。有一次他乘船过河时，因船触石翻落而跌入水中。他抓住桅杆大声呼救。

附近的一个渔夫闻声而至。商人急忙喊："我是佛罗里达州最大的富商，你若能救我，给你200美元。"

于是，渔夫放下了手中的活儿，跳入冰凉的水中，救起商人。

待被救上岸后，商人却翻脸不认账了。他只给了渔夫20美元。

渔夫责怪他不守信，出尔反尔。

商人说："你一个打渔的，这么多你已经够用了。"

渔夫无奈，摇了摇头，便离去了。

过了不久，商人过河去做买卖，不料又一次在原地翻船了。于是他大呼求救。

而上一次救了他的渔夫恰巧也在跟前，但他一点反应也没有。

商人向他大喊，你若救了，我给你500美元。

因为上次他失信于渔夫，渔夫再也不救他了。

最终，商人被河水冲走了。

因为失信于人，所以，一旦处于困境，便没有人再愿意出手相救，只有坐以待毙。

信守承诺，就如同握住一束馨香的花朵，让他人快乐，使自己陶醉；虚掷承诺，信用就像玻璃一样脆弱，坏了将无法修复。

马尔克斯在《百年孤独》中，这样写道："守信是一项财宝，不应该随意虚掷。"信守承诺是诚实守信的体现，是每个人都应该遵守的行为和生活准则，是支撑人性的基石，是人类的美德。

生命因为承诺而凝重、而美丽。信守承诺、兑现承诺是人的美德。孔子言："民无信不立"，孟子曰："言而有信，人无信而不交。"信用是一种承诺，是一诺千金，"一言既出，驷马难追"，人生在世，贵在守信。

1809年2月12日，亚伯拉罕·林肯出生在一个农民的家庭。小时候，家里很穷，他没机会上学，每天跟着父亲在西部荒原上开垦、劳动。他自己说："我一生中在学校的时间，加在一起总共不到一年。"但林肯勤奋好学，一有机会就向别人请教。没钱买纸、笔，他放牛、砍柴、挖地时怀里也总揣着一本书，休息的时候，一边啃着粗硬冰凉的面包，一边津津有味地看书。晚上，他在小油灯下常读书读到深夜。

长大后，林肯离开家乡独自一人外出谋生。他什么活儿都干，打过短工，当过水手、店员、乡村邮递员、土地测量员，还干过伐木、劈木头的重力气活儿。不管干什么，他都非常认真负责，诚实而且守信用。他十几岁时当过村里杂货店的店员。有一次，一个顾客多付了几分钱，他为了退这几分钱跑了十几里路。还有一次，他发现少给了顾客二两茶叶，就跑了几里路把茶叶送到那人家中。他诚实、好学、谦虚，每到一处，都受到周围人的喜爱。

一个信守承诺的人，自然得道多助，能获得大家的尊重和友谊，无疑给自己的人生增加了砝码。

古语有云:"人无信不立。"守信是人生的立足点。言必行,行必果,说到做到,此是君子也。

信守承诺,不是一句空话、一纸空文,而是信守人生的一盏明灯,是信守心中的一座圣殿。年轻人要记住:"诺言是要用行动来兑现的支票。"信守承诺,将灵魂袒露于天地之间,为自己交上一份满意的答卷。

信守承诺,能让你的生命焕发无尽的光彩。只有信守承诺的人,别人才会愿意与他合作。虚掷承诺,就如同将自己的人生抛向大海,孤立无援,坐以待毙。在漫漫人生路上,守信最美、最宝贵。它不仅仅是一种做事的态度,更可以透视出一个人的人格魅力。

任何人的信用,如果要把它断送不需要多长时间。就算你是一个极谨慎的人,只要偶尔忽略、偶尔因循,那么好的名誉便可立刻毁损。所以养成信守承诺的习惯,实在重要极了。

050. 记住别人的名字

[成功密码]

一种简单、明显但最重要的获得好感的方法,那就是记住他人的姓名,使他人感觉自己对于别人很重要。多数人不记得姓名,只是因为他们没有下必要的功夫和精力去记忆,他们给自己找借口:他们太忙。

一个人的名字,对他人来说,是任何语言中最甜蜜、最重要的声音。年轻人请记住,在人际交往中如果你想获得别人的好感,取得成功,那么就请记住别人的名字。正如,戴尔·卡耐基所说:"一种既简单又最重要的获取好感的方法,就是牢记别人的姓名。"

在人与人的交往过程中,善于记住别人的名字是一种礼貌,也是一种感情投资，不仅能让你在人际交往中收到意想不到的效果，而且还会给你的事业注入新的活力。

　　钢铁大王安德鲁·卡内基就是一个非常善于利用人们对自己姓名重视的心理来与人相处的企业家。

　　他被称为钢铁大王，但他自己对钢铁制造懂得很少。他手下有好几百个人，都比他了解钢铁。但是他知道怎样为人处世，这就是他发大财的原因：他发现人们对自己的姓名看得惊人地重要。他利用这项发现，去赢得别人的合作。

　　一次，他希望把钢铁轨道卖给宾夕法尼亚铁路公司，而艾格·汤姆森正担任该公司的董事长。因此，安德鲁·卡内基在匹兹堡建立了一座巨大的钢铁工厂，取名为"艾格·汤姆森钢铁工厂"这让他赚了很多的钱。

　　安德鲁·卡内基这种记住别人名字的习惯，正是他成为商界领袖的秘诀之一。他能叫出他手下许多工人的名字，这也是他引以为豪的。他还非常得意地说，当他亲自管理公司的时候，从未发生过罢工的事。

　　现实生活中，很多年轻人不仅记不住别人的名字，更没有去记住别人名字的意识，因此，在人际交往中处处碰壁，在事业中事事不顺心。相反，那些意识到记住别人名字重要性的人，事业顺风顺水，节节高升。

　　吉姆·法里没有进过一所中学，一直没有受过多少教育，但他有一种使人喜欢他的才华，他培养自己一种记住人名的惊人能力。就靠这种能力，他在46岁的时候，有4所学院已经授予了他荣誉学位，他成为民主党全国委员会主席、美国邮政总局局长。

　　当有人问他成功的秘诀时，他说："我能叫出五万人的名字。"不要小看了这一点，他的这项能力使他帮助富兰克林·罗斯福进入了白宫。在罗斯福竞选总统活动开始以前的几个月里，法里每天都写好几百封信，给遍布西部和西北部各州的人们。然后，他跳上火车，在19天内足迹踏遍了20个州。他以马车、火车、汽车和小船代步，走完了12000英里的路程。每到一个市镇，就跟他所认识的人一起吃早餐或午餐，跟他们谈肺腑之言，然后，又继续他的下一站。

111

等他回到东部,他就写信给他到过的每一个市镇上的某个人,索取一份所有谈过话的人的名单;然后加以整理,他就有了成千上万个人的名字了。这名单上的每个人都会收到一封法里的私函。那些信都以"亲爱的比尔",或者"亲爱的杰克"开头,结尾总是签上"吉姆·法里"。这些做法,使罗斯福的影响日益扩大,法里也因此而成功。

吉姆·法里说:"记住人家的名字,而且很轻易地叫出来,等于给人一个美妙而有效的赞美。因为我很早就发现,人们对自己的姓名看得惊人地重要。"是的,记住他人的姓名,在商业界和社交上是十分重要的。

人们都渴望被他人尊重,而记住别人的名字,则会给人受尊重的感觉。因此,在交往中,记住别人的名字很容易让人对你产生好感,并且别人永远不会厌倦。这还可以削弱人与人之间的敌对、冲击和仇视气氛,并缓和彼此意见的对立。

富兰克林·罗斯福知道一个最简单、最明显、最重要的使人获得好感的方法,那就是记住别人的姓名,使人感觉受到了重视。年轻人想结交朋友并建立良好的人际关系,先好好记住他们吧!如果你记住我的名字,而且很轻易地叫出来,等于给别人一个巧妙而有效的赞美,表示我在你心中留下了印象。你记住我的名字,让我觉得自己很重要。

051. 鸦有反哺之义,羊知跪乳之恩

[成功密码]

如果我们想获得快乐,就要享受施惠的快乐。

人生道路荆棘遍布,充满着艰辛。在危困时刻,有人向你伸出温暖的双手,解除生活的困顿;有人为你指点迷津,让你明确前进的方向;甚至

有人用肩膀、身躯把你擎起来，让你攀上人生的高峰……你最终战胜了苦难，扬帆远航，驶向光明幸福的彼岸。那么，你能不心存感激吗？你能不思回报吗？

衔环结草，以报恩德。年轻人不要把别人对你的好，视为理所当然，将"感恩"之心铭记在心。

感恩是一种处世哲学，是生活中的大智慧。年轻人，你们前进的道路不可能一帆风顺。一句关爱，你便从此不再孤单；一句关爱，你也懂得知恩图报。

滴水之恩应当涌泉相报，这是为人处世的原则。对待搀扶你的人，在接受帮助的同时要学会用加倍的关爱去回报。

感恩是一种生活态度，是一个人不可磨灭的良知。如果人与人之间缺乏感恩之心，必然会导致人际关系的冷淡。对于别人的恩泽，唯有用纯真的心灵去感动、去铭刻、去永记，才能真正对得起给你恩惠的人。

中国有个流传很广的故事，说的是：淮阴侯韩信为布衣时，贫而无行。他虽用功习武，却无用武之地。迫不得已，他经常寄居在别人家吃闲饭，但人们大多厌恶他。

韩信咽不下这口气，就来到淮水边靠在河边钓鱼为生，经常因为钓不到鱼而要饿肚子。

有一日，一个漂洗丝絮的老大娘见他可怜，经常把自己的饭分一半给他吃。天天如此，从未间断，韩信发誓要报答漂母之恩，对漂母说："吾必有以重报母。"

漂母非常生气地说："大丈夫不能自己维持生活，我是可怜你才给你饭吃的，哪里指望回报！"

韩信后来成为淮阴侯，漂母分食之恩始终难忘，派人四处寻找，最后以千金酬谢。

投之以桃，报之以李。诠释着命运的方略，洋溢着生命的气息。正因为有人施恩，有人报恩，我们的生存空间才鸟语花香，饶有情趣。

感恩是每个人应有的基本道德准则，是做人的起码修养。年轻人，怀一颗感恩的心，去看待你周围所有的人。感恩鼓励你的人，是他们让你信心十足;感恩授予你知识的人,是他们照亮了你前进的道路;感恩帮助你的人,是他们给了你再生的希望。

感恩之心,既能幸福他人,也会快乐自己。心中充满感恩之情,才会想到回报,才会想到奉献。学会感恩,是为了回报他人而付出的点滴行动;学会感恩,是为了用道德的甘露滋润心灵。

有两个人在炙热的沙漠中行走,正在他们口渴难耐时,碰见一个赶骆驼过路的老人。

看着他们可怜,老人给了他们每人一小碗水,一个人接过这一小碗水,愤怒地指责老人过于吝啬,抱怨之下竟将半碗水泼掉了;另一个人接过这一小碗水,他深知这一点水虽不能解除身体饥渴,但他却油然而生一种发自心底的感恩,并且怀着这份感恩之情,喝下了这小碗水。

结果,前者因失去这一小碗水而渴死在沙漠之中,后者因为喝了这一小碗水,终于走出了沙漠。

感恩之情是滋润生命的营养素。对生活常怀感恩之情的人,心态是平和的,即使遇上再大的灾难,也能熬过去,而那些常常抱怨生活的人,就如同将一小碗水扔掉的那个人一样,他们总是生在福中不知福。

052. 人们都渴望受到尊重

[成功密码]

现实生活中有些人之所以会出现交际的障碍,就是因为他们不懂得一个重要的原则:让他人感到自己重要。人类本质里最深层的驱动力就是希望具有重要性。你要别人怎么对待你,你就先怎样对待别人。

美国学识最渊博的哲学家约翰·杜威说:"人类本质里最深远的驱策力就是希望具有重要性。"每一个人来到世界上都有被重视、被关怀、被肯定的渴望，当你满足了他的要求后，他就会对你重视的那个方面焕发出巨大的热情，并成为你的好朋友。

有这样一个故事：

有一个人因为升了职，为了庆祝一下，他请了四位同事到饭店吃饭，他倒是蛮真诚的，摆了一大桌酒菜。三个同事如约而至，只有一位仍不见踪影，主人在门口急得左张右望，搓手跺脚。

一个同事从里头跑出来安慰他不要着急。谁知这位老兄随口甩出一句话："该来的不来。"旁边劝他的这位同事一听，心里想，"这样说，我岂不是不该来的。"咣当一声摔门而去。

里头另一位同事见状，急忙出来好言相劝。哪知这位老兄又从嘴里蹦出一句："唉！不该走的又走了。"本来相劝的同事一听，立刻怒从心起，"不该走的走了，那意思不就是该走的不走。得，甭解释了，我走了。"

最后在屋里等的那位同事急忙出来帮着主人挽留客人。可惜这位老兄竟然又冒出一句："我根本不是冲他们说的。"最后那位同事一听，"噢，你不是冲他们说的，那不就是冲我说的吗？得，我也不留了，一起走吧！"

这个故事深刻地反映了人们渴望被人尊重的心理。卡耐基曾经在他的培训课上讲过一个案例：纽约电话公司曾就电话对话做过一项调查，看在现实生活中哪个字使用率最高，在500个电话对话中，"我"这个字使用了大约3950次。这说明，不管你是什么人，不管你实际状况如何，在内心中都是非常重视自己的。

著名小说家柯恩出生于铁匠家，他一生受过的教育加起来不超过8年，但在他离开人世时，他几乎成了最富有的文人。

原来，柯恩喜欢诗歌，所以他遍读和研究了罗赛迪的诗，甚至还写了一篇论文，热情赞美罗赛迪在诗歌上所取得的成就，他还给罗赛迪本人送去一份。罗赛迪看了自然很高兴，他说："一个这么年轻的人，对我的作品有这样高超的见解，他一定非常聪明。"

罗赛迪就把这个铁匠的儿子请到伦敦来，不久，柯恩成了罗赛迪的私人秘书。这成了柯恩人生中的转折点，从此之后，他有更多的机会见到许多英国当代的大文豪,并且受到他们的悉心指导,他的写作生涯顺利展开,不久就声誉鹊起。

柯恩是格利巴堡人,现在格利巴堡已成为旅游胜地。他的遗产有250万英镑。但谁知道,要是他没有写那篇赞赏名诗人的论文,很难说,他的一生很可能就是默默无闻或最终贫困而终其一生。

罗赛迪认为他自己很重要,当然这一点儿也不稀罕,几乎每个人都这么看待自己,认为自己很重要。

因此,年轻人你要想别人喜欢你并认同你,就要让别人感到他自己的重要,而且要做得真诚。世界上最为重要的定律是:用你希望别人对待你的方式去对待别人。

乔·吉拉德是世界上最伟大的推销员,他推销的秘诀就是:对每一个顾客表示出由衷的真诚的重视。

有一天,一个中年妇女从对面福特汽车销售店走进了他的汽车展销室。说随便看看,打发时间。吉拉德与她闲谈得知,这位妇女要给自己买一辆福特汽车做生日礼物。吉拉德首先热情地恭贺她生日快乐。然后,看他销售的雪佛莱汽车。这时,助手把一束玫瑰花交给了吉拉德,吉拉德送给了这位夫人,再次表示生日祝贺。那位夫人感动得热泪盈眶,说:"已经很久没人给我送礼物了。"然后说出了实情。福特销售点的职员看到这位夫人开的是旧车,以为她买不起福特车,当夫人提出看车时,这位职员推辞说有事要办,让她先等一会儿,她只好到来到吉拉德销售点等。其实她不一定要福特车,只不过表姐的车是福特的,她也想买。后来,这位妇女就在吉拉德那里买了一辆白色的雪佛莱轿车,并写了一张全额的支票。

给予别人应有的尊重和重视,让对方感到自己的尊贵与独特,你必定会打动对方,从而取得人际交往的初步成功。

人心是很微妙的,同样是与人交谈,有的人说话方式会令对方反感,而有的人说话方式却能令对方不由自主地产生妥协之心。年轻人想要获得良好的交际就做个有心人吧!

第七章

舌尖灿莲花
——会说话是成功的"关键"

053. 做一个好的倾听者

[成功密码]

始终挑剔的人，甚至最激烈的批评者，都会在一个有忍耐和同情心的倾听者面前软化降服。如果希望成为一个善于谈话的人，那就先做一个愿意倾听的人。

做一个真诚的倾听者。聆听是取人之长、补己之短的良方；聆听是沟通双方、尊重对方的桥梁；聆听是抛弃错误、远离懊悔的法宝。聆听，它是沉默后绽放的声响，它是穿透生命散发的芬芳，它是人类纯净的天籁，在停顿中闪烁着它美妙的音符。

如今，对于一个从无忧无虑的大学生转变成职场新人来说，大多数年轻人都想让别人认为他们是聪明的、机智的和精明的。然而，他们总是费尽口舌想为自己制造一个"聪明"人的形象，然而却常常是聪明反被聪明误。

苏格拉底说："自然赋予我们人类一张嘴、两只耳朵，也就是让我们多听少说。"他道出了一个真理：多听少说，是对人的尊重，也是对自己的爱护。

因此，在日常交往中，做一个真诚的倾听者，不失为为人处世的一个技巧。

曾经有个外藩的使者到疆外的一个部落来，为了表示自己部落的诚意，使者进贡了三个一模一样的金人，这让部落首领高兴坏了。

可是这位使者并没有就此罢休，同时问了部落首领一个问题："这三个金人哪个最有价值？"

部落首领想了许多办法，请来珠宝匠检查，称重量、看做工，都是一模一样的,无法知道哪个最有价值,怎么办呢?使者还等着回去汇报呢。偌大的一个部落,不会连这个小事都不懂吧?首领十分着急。

最后,有一位老大臣说他有办法。

于是,首领叫来大臣,让他来解答。

首领将使者请到大殿,老臣胸有成足地拿着三根稻草,插入第一个金人的耳朵里,这稻草从另一边耳朵出来了。第二个金人的稻草从嘴巴里直接掉出来,而第三个金人,稻草进去后掉进了肚子,什么响动也没有。

老臣说:"有答案了,第三个金人最有价值!"

使者默默无语,对这位大臣竖起了拇指。

这个故事告诉我们,最有价值的人不一定是最能说的人。第三个金人,稻草进去后掉进了肚子,什么响动也没有。证明这个金人善于倾听他人的话语,不会像前两个金人那样听了之后会"左耳进,右耳出"或是将其内容泄露于其他人。

善于倾听,是成熟的人的最基本素养。懂得倾听,才会使你变得最有价值。

智慧的人不会因自己的智慧夸口,勇士不会因自己的勇力夸口。因为夸口不会获得尊重,只会丧失信用。越是当你滔滔不绝的时候,你的愚蠢越会暴露无疑。

因此,为人处世要学会聆听。听智者之言可以启迪智慧,听批评之言可以反躬自省。

在职场中,尤其是年轻人,要学会倾听,少说多听。在这里,我们所说的少说多听,既不同于内向,更不同于城府,而是一种成熟、稳重与深沉。少说,并不等于不说,而是让我们说该说的话,恰如其分地说话,绝不可胡说、乱说。说就要说到点子上,而且要言不繁。多听当然不是什么都听,还须善听,多辨识,吸取精华,去其糟粕。

许多企业家的成功经验告诉我们:他们的诀窍就是鼓励别人多说,同时设法闭住自己的嘴。谈得过多会暴露你自己,相反,如果你把全部的注意力都集中在对方身上,你就知道他在想什么、他想要做什么。

倾听,用双耳引来活水,洗濯我们的心灵;倾听,带我们走进心灵的净土、思想的天空,使心灵得到快乐。

年轻人,怀着深深的谦虚和忍耐,做一个真诚的倾听者,以一颗充满柔情的爱心,张开你们的耳朵,满怀信心和期待迎接那些生命之音!

054. 谈论别人感兴趣的事物

[成功密码]

与人沟通的诀窍就是:谈论别人最为愉悦事情。如果你要使别人喜欢你,如果你想他人对你产生兴趣,你应注意的一点是:谈论别人感兴趣的事情。

人都有一个特点:总是在他所喜欢的人身上发现优点,而在他不喜欢的人身上寻找缺点。

生活中,不喜欢你的人越多,你的缺点也就越多,喜欢你的人越多,你的优点就越多;甚至你的缺点也变成了"优点"。这也是人性的特征之一。

在沟通上,最好选择可以迎合他人的话题,可以慢慢转入,很快就能摸清楚对方的兴趣,另外最重要的一点是,要学会倾听他人讲话,在对方说话的时候,要平视对方,表情要显得自然,不可以让对方觉得有压力,让对方可以轻松地把自己要表达的事情表达出来。最后,要让对方知道自己的重要性,所以,在沟通的过程中,不能标榜自己的优点和指责对方的缺点,这对你的人际关系是有很大伤害的。

一种深刻了解人并与人愉快相处的方法——谈论别人感兴趣的事物,它同虚伪的恭维是两码事。做一个善于聆听的人,鼓励别人谈论他们自己感兴趣的事情。再重复一遍,让人喜欢你的诀窍就是:谈论他人最以为贵的事情,谈论别人感兴趣的话题。

谈话中,没有人会对自己不感兴趣的话题投入过多的热情,而如果遇到自己感兴趣的话题,他们常常会情绪激昂地参与进来。因此,在与对方谈话时,我们就可以抓住对方的这种心理,从而实现进一步的交流。

把话说到他人的心坎上,是一种高超的语言技巧。与人交谈时要"投其所好"、"避人所忌"。俗话说:"话不投机半句多"、"言逢知己千句少"。要想打开交际的大门,就要学会对着对方心窝说话,让美好动听的语言走进对方的心田。

找准话题,就会与对方产生共鸣;谈论别人感兴趣的事物,是深刻了解人并与人愉快相处的交往方式。

据说每一个拜访过美国总统西奥多·罗斯福的人,都会对他渊博的知识感到惊讶。哥马利尔·布雷佛写道:"无论是一名牛仔或骑兵、纽约政客或外交官,罗斯福都知道该对他说什么话。"他是怎么办到的呢?很简单。每当有人来访的前一天晚上,罗斯福都翻读这位客人特别感兴趣的话题的资料。因为罗斯福知道,打动人心的最佳方式是:找准话题,与对方心灵产生共鸣。

卡耐基曾说,如果想要交朋友,并成为受人欢迎的说话高手的话,就要用热情和生机去应对别人。接触对方内心思想的妙方,就是和对方谈论他最感兴趣的事情。但如果我们只想让别人注意自己,让别人对我们感兴趣,我们就永远也不会有许多真挚而诚恳的朋友。对别人漠不关心的人,他的一生困难最多,对别人的损害也最大。

在与别人谈话的过程中,也要将心比心,说一些能够抓住对方兴趣的话题,把对方的注意力和好奇心吸引过来。这样会在很短的时间内缩短彼此之间的距离,化解心理上的隔阂,使交流顺利进行。

沟通就是为了彼此建立关系。沟通时,应以关系为重,对方情绪低落时,就不要再滔滔不绝地说对方不感兴趣的话题。从心理学的角度来说,沟通的语言就是不断地翻译。你倾听他人说的，翻译成他人所想的；同样，他倾听你的话，把它译成你想的。

因此，在谈话中，如果对方明显地反应出对你的话题参与不多、言语不多的时候，他可能对你的话题漠不关心，也可能是因为害羞或者是不感兴趣。此时，你要尽量让他的热情高涨，这样才能让你们之间的气氛尽快变得融洽起来。要想做到这一点，就需要我们在与人说话时，先要多掌握别人的信息，知己知彼，百战不殆。只有了解到一个人的基本性格习惯和心理特点，我们在谈话的时候就不会触礁，反而会谈笑风生，让人如沐春风！

055. 委婉地指出别人的错误

[成功密码]

对别人的意见要表示尊重。千万别说："你错了。"

卡耐基曾在施教过程中对他的学员说过这样一段话：

很多时候，我们只要一个眼神、一种声调或一个手势，就能告诉别人，他错了。可是，告诉他错了，能获得他的称赞吗？绝对不可能！因为你的表现等于对他的知识、判断、荣誉给予了否定，这会激起他的恼怒，却不能令他改变心意。你可以向他搬弄柏拉图的理性观点，但是你无法改变他的意见，因为你已经伤害了他的感情和自尊，尊重别人的意见，永远别指出对方是错的。

良言一句三冬暖，恶语伤人六月寒。批评的本质是惩罚，是对人的一种否定。

在一家大型造纸厂的门口，几个员工正在大门口吸着香烟。

有一天，老板正好经过。当时是中午，他看见几位工人正在抽烟，而在他们的头上，正好有一块大牌子，上面写着"禁止吸烟"。

如果你是这家公司的老板，你会怎么做？会不会走上前去，指着那个大牌子说："你们不识字吗？"

但是，这个老板并没有这样做。他是这样做的：他走向那些人，递给他们每个人一根雪茄，然后说："各位，如果你们可以到外面去抽这些雪茄，我将感激不尽。"

工人们立刻意识到自己违反了一项规定，同时，他们也更加敬重这个老板了。

另一则故事：

美国陆军第542分校的士官长哈雷·凯塞在带预备役军官时，他面临着一个军队中普遍存在的问题。什么问题呢？在预备役军人和正规军训练人员之间，最大的差异就是理发，因为预备役军人认为自己只是老百姓，因此他们非常不愿意把头发剪短。如何解决这个问题呢？如果和以前正规军的士官长一样，他可以向他的部队队员怒吼几声或威胁他们。但他不愿这样做。

他这样说道："各位先生们，你们都是领导。当你以身教导时，那是最有效不过的办法了。你必须为你所领导的人做个榜样。你们应该了解军队对理发的规定。今天我也要去理发，而我的头发却比某些人的头发要短得多了。你们不妨对着镜子看看，如果你要做个榜样的话，是不是该要理发了？我们会帮你安排时间去营区理发部理发。"

结果是可以预料的。有几个人主动去镜子前看了看，然后下午去理发部按规定理了发。次日早晨，凯塞士官长在讲评时说，他已经看到在队伍中有些人已经具备了领导者的气质。

通过上面的两个案例我们可以知道，为了劝服别人同时又不伤害别人，你需要委婉地指出他人的错误。心理学家指出：人的内心有着强大的自我认同感。当一个人所相信的东西被怀疑或否定之后，每个人都会产生自卑、抵触、仇恨、愤怒……感到自己的自尊受到了威胁，甚至感到自己的安全已经没有了保障。结果是，他会本能地拒绝接受你的批评或指正，即使他可能认为你说的是对的。因此，年轻人，当你想要说服一个人，让他明白自己的错误的时候，千万不要直接指出对方的错误，委婉地指出别人的过失要比直接说出口有着更神奇的效果。

教育家马卡连柯说："批评不仅是一种手段，更应是一种艺术、一种智慧。"年轻人，当你需要指出别人的错误时，千万不要说，"你错了"，而是采用温和的语气，委婉地指出，这样不仅不会引起对方的反感，反而更能让别人认识自己的错误，从而更乐于接受。

那么，如何让对方欣然接受他的不足，卡耐基写出了四条建议：

1. 当你找出一条理由来指出对方的错误时，对方一定会找出十条理由来反驳你。所以，千万不要让对方产生这种抗拒心理。

2. 不要让对方觉得你在以指出他的错误为乐，最好的办法莫过于用平和的语气间接地指出来。

3. 如果你妄图通过批评对方来显示你的高明和优越，你是不会受到欢迎的。

4. 相互尊重，是人与人交往的基础。

056. 苏格拉底辩证法

[成功密码]

应该让对方刚开始的时候就说"是，是"。如果可能，应该避免使他说"不"。

苏格拉底曾经在研究人类语言的过程中发明了一种常胜辩证法。这种方法是以对方肯定的答复作为辩论基础，从一开始就想办法让对方说

"是"，然后连续不断地获得对方肯定的答复，最后反对者就会在不知不觉中承认他的观点。

善于讲话的人，与别人交谈时，通常不会一开始就讨论其分歧的事，而是懂得不断强调他们之间都同意的事情，让对方在刚开始的时候，就说"是"，从而将听者的心理导向肯定的方向。

卡耐基曾在他的训练班为学员们讲述了这样一个案例：

纽约格林威治储蓄所的一位出纳员叫詹姆斯·艾伯森，正是运用"是"这种方法，使他挽留了一位差点流失的顾客。

"这个人进来要开一个账户，"艾伯森先生说，"我让他填写一些常规表格，其中有些问题他愿意回答，但有些问题他却根本不想回答。"我告诉他说，那些他拒绝填写的内容并不是绝对必要的。

"'但是'，我说，'假如你不幸死去了，难道你不希望将这些钱转移给你的亲属吗？'"

"当然。"顾客回答。

"'难道你认为'，我继续说，'将你最亲近的亲属的一些资料告诉我们，使我们能够在你万一去世的时候准确无误地实现你的愿望，不是一个很好的办法吗？'"

"'是的。'他又说。"

就这样，当他明白我们需要的这些资料不是为了我们，而是为了他的时候，他的态度就变了。他不仅把自己的资料全部提供给了我们，还根据我给他的建议，开了一个信托账户，指定他的妻子为受益人。

詹姆斯·艾伯森说："我发现当我一旦让他一开始就说'是，是'时，他便忘了我们之间的争执，并且愿意做我所建议的事。"

年轻人要明白，在谈判场上，一个谈判成功与否很多时候都与我们所要说服对方的技巧有关。相同的目标，不一样的结果，很多时候都是我们看待事物的方向不同。如果我们一开始，就让对方说"是"，而非"不"，那么结论向你的方向转变的可能性就越大。

约瑟夫·爱立森是西屋电气公司的销售代表。一次，他向一位工程师推销发动机时，遭到了拒绝。

工程师说："爱立森，我不能向你订购发动机了。"

"为什么？"爱立森感到很惊讶。

"因为你的发动机太热了，我的手放都不能放在上面。"工程师回答道。

"噢，先生，我完全同意你的看法。"爱立森继续说，"如果那些发动机工作起来太热了，你就不应再买。你当然不会购买超过全国电器制造协会标准热度的发动机，是不是？"

"是的。"工程师回答。

"电气制造协会规定，正确设计的发动机可以比室内温度高华氏72度，对不对？"

"是，"他同意说，"但你的发动机热多了。"

爱立森继续问，"你的厂房有多热？"

他说："大约华氏75度。"

"好，"爱立森回答说，"如果厂房是华氏75度，你再加上华氏72度，总计是华氏147度，如果将你的手放在华氏147度的热水塞上面，是不是很烫手？"

他回答说："是。"

"那么，"爱立森建议说，"别把手放在发动机上面，那不是更好吗？"

"对，我想你是对的，"他承认说，接着过了片刻，他叫来秘书，又与爱立森签了一大笔合同。

人的思维从心理学角度来分析是有惯性的，当你朝着某一个方向思考问题时，你就会倾向于朝那个方向考虑下去。我们从爱立森与工程师之间的对话中可以发现，一旦让顾客开始就说"是"，顾客便忘了他们之间的争执，从而获得了对方的支持。

年轻人，在与人交谈时，应该想办法让对方很快地回答"是"，而非

"不"。当人说："不"时，思维会造成一种定式，心理上就特别坚决，接着他身体的所有器官包括神经、肌肉等也相应地呈紧张状态，如此一来，拒绝的决心一旦形成便很难更改了。相反，当一个人回答"是"的时候，身体则不会进入防御警惕状态，各组织都呈开放、接受、前进的状态。所以，谈话初始，对方"是"的回答越频繁，我们最后的建议则越容易被接受。

阿福斯特教授说："一个'不'字是最难克服的障碍。一旦说出"不"以后，他的自尊心就会促使他固执己见。过后你也许觉得'不'是不甚恰当的，然而他得考虑自己那宝贵的自尊，一旦一句话说出口，他觉得就要坚持到底，所以一开始就使人采取肯定的态度极为重要。"

因此，年轻人在生活或工作中，当你和别人交流时，如果想获得别人对你的同意，那么规则就是：应该让对方刚开始的时候就说"是，是"。如果可能，应该避免使他说"不"。

057. 四"不"五"要"避免争论

[成功密码]

事实上，你不能在争执中获胜。要是你输了，你就是输了，但即使你赢了，也等于输了。原因何在？即使你赢了对方，把他说得体无完肤，你也许觉得当时很解恨，但是，因为你逼得对方低你一等，刺伤了他的自尊，就招致了他对你一辈子的怨恨。

卡耐基向他的学员讲他曾吃过争论的"亏"。

卡耐基本人一向很固执，凡事都想与别人争论一番。从小就养成这个习惯，为此与哥哥闹得不可开交。上了大学后，他又开始研究逻辑学和辩论术，并参加了许多辩论赛，希望与他们一决高下。

后来，他又在纽约教授辩论课，而且还打算出一本关于辩论方面的书。他总结到，从他接触辩论以来，他曾听过、参加过好几千场辩论赛，并注意到了它们的影响。通过这些活动，使他明白了一个道理：天底下只有一种赢得争论的方法——那就是避免争论，就像避免毒蛇和地震一样避免它。

与人争论，你永远不会成为赢家。如果你胜了对方，把他驳得体无完肤，证明他毫无是处，那又能怎样？你也许会觉得很好。但是他呢？你只会让他觉得受到了羞辱。既然你伤了他的自尊心，他自然会怨恨你的胜利，而且一个人即使口头认输，但心里根本不服。正如本杰明·富兰克林所说："如果你争强好胜，喜欢争论，以反驳他人为乐趣，或许赢得一时的胜利；但这种胜利毫无意义，因为你永远得不到对方的好感。"

那么，如何才能使不同意见避免争论呢？卡耐基曾教过他的学员四"不"五"要"的方法：

①接受不同的意见

卡耐基说："当两个合作者总是意见一致时，其中一人就不再需要了。"年轻人要学会接受不同的意见，比如，有些问题你没想到，而别人提出来了，你就应该表示感谢，这正能弥补你不知的一面。

②不要相信你的直觉

当有人提出不同意见时，我们的第一反应，也是自然反应，就是自卫。因此，年轻人一定要记住，为了避免犯错，一定要提高警觉，警惕你的直觉反应。

③不要发脾气

很多年轻人，在受到别人反对时，很容易发脾气，这样会导致事情会越变越糟，与之对应的是，对方对你好感也越来越差，因此年轻人要懂得克制，千万不要发脾气。

④不抵制，不争论

要善于倾听，让你的反对者有机会说话，努力建立沟通的桥梁，而不是再加深误解。

⑤要努力寻找共同点

听了反对意见，首先要想想哪些意见你是可以赞同的。

⑥要及时认错

当别人提出不同意见时，要勇于承认错误，这样有助于加深双方的了解。

⑦要认真考虑反对意见

要承认反对者意见的可能合理性，认真考虑不同意见是理智的做法，而不要等对方说："我早就跟你说过了，你就是不听。"

⑧要感谢你的反对者

因为关心同一件事，才会出现分歧，把它看成能给你帮助的人，或许你们能成为朋友。

⑨要不争而行动

当存在反对意见时，要认真反复考虑好问题，应采取什么措施，才不会导致不良结果的发生。

"争论"即"各执己见，互相辩论。"也就是说，在互相辩论的过程中，双方都坚持自己的观点，谁也驳不倒谁，谁也不信服谁。与人争论是希望别人接受自己的观点和看法。其实，这只是争论双方个人的一厢情愿，事实就是与人争论，你永远也不会获得别人对你的好感。

古希腊有句名谚："聪明的人，借助经验说话；而更聪明的人，根据经验不说话。"年轻人，要记住，凡非原则之争，尽量不要去争论究竟谁对谁错，在多数时候，模糊可以避免树敌，这不仅体现了自己的大度，而且还能帮助你们收获更多的友情。

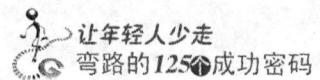

058. 勇于承认错误

[成功密码]

如果你能勇敢承认自己错了,那你一定能从这个错误中吸取教训,获得进步。因为承认错误,不仅可以赢得别人的尊敬,也可以增加你的自尊。

人类处世的天性——做错事的人只会责备别人,绝不责备自己。勃朗宁曾说,"当一个人的改变起自他本身,他已经不是一个平常人了"。如果你能勇敢承认自己错了,那你一定能从这个错误中吸取教训,获得进步。因为承认错误,不仅可以赢得别人的尊敬,也可以增加你的自尊。

人的伟大,并不在于他的毫无过失,毕竟犯错是不可避免的,而一位真正有品德的人,是能够勇敢承认错误,并且努力加以改正。

无论是谁我们都有犯错的时候,我们也是在不断地犯错、不断地改错中成长、完善自我的。做错了并不可耻,可耻的是明知故犯或将错就错,找来更多的理由辩解,自欺欺人。

作家西塞鲁说:"任何人都可能有错,只有傻子才会继续它。"犯错没有什么好丢脸的,只要知错能改,一定可以洗心革面,带给自己更大的成就,除非你愿意当个傻子一辈子让人瞧不起。智者不以无过为喜,人之大德在于改过,做一新人。

卡耐基的亲身经历告诉我们,勇于承认自己的错误比你去争辩效果好得多。

卡耐基曾带着他心爱的一只小波斯顿斗牛犬——雷斯,去他家附近的公园散步,让人扫兴的是,遇到了一个难缠的警察。

"你怎么能让你的狗跑来跑去,却不给它系上链子?"警察冲着卡耐基大吼,"难道你不知道这是违法的吗?"

"是的,我很清楚,"卡耐基微笑地回答,"不过,我的狗是不会咬人的,警察先生。"

"法律是不允许这么做的,就算你的狗不咬人,它也可能咬松鼠。这次我就不追究了,下次,要是让我再看见你的狗没系链子就来公园的话,你就得去跟法官解释了。"

卡耐基很客气地答应下来了,可是他的狗似乎不喜欢链子,因此,他决定碰碰运气,吃完晚饭,他又将他的狗带到了公园。不幸的事情发生了,他们又碰上了之前的那位警察。

这下完了,卡耐基心想,于是他决定先发制人,在警察还未来得及开口前,卡耐基便抢着说:"警察先生,这回你可逮到我了。我有罪,我也没有什么好说的。上次,你警告过我,若再犯,你不会饶了我的。"

"好说,好说,"警察的回答很是温和,"我也知道,谁都想过在没人的时候带这么一只小狗出来跑跑。"

"的确有些忍不住,但这是违法的。"卡耐基回答到。

"像这种小狗应该不会咬人吧!"警察先生竟出人意料地回答。

"不,它绝不咬人,但它可能咬松鼠。"卡耐基说。

"哦,你大概把事情想得严重了,"他又对卡耐基说,"这样吧,你让它跑过那座小山,让我看不见,事情就解决了。"

正是由于卡耐基坦白、真诚地承认自己的错误,并且站在警察的立场上说话,所以他反而为卡耐基辩护起来,整个事情就这样在一种和谐的氛围下很愉快地结束了。卡耐基曾告诉他的学员:"用斗争的方法,你可能不会得到好结果,但用让步的方法,收获将会比预期的高出许多。"

艾伯·赫马是一位很有个性的作家,但那些尖锐的论调经常会触犯一些人。但他有着高超的写作技巧,常常能将他的敌人变成他的朋友。

比如,经常有一些不同意他观点的人给他写信,表示不满,更有甚者,对他破口大骂。艾伯·赫马在回复这些信时写道:

"细细想起来,我也不尽认同自己。我昨日所写的,今日拿出来再看也不见得会全部同意。我很高兴你能对这件事有看法。下次如果你经过我的家门,请你一定要进来坐坐,我们可以当面交换一下意见。遥祝诚意。艾伯·赫马谨上。"

自我批评是自我反思、自我归罪、自我总结和自我提升的过程。人无完人,孰能无过?所以,犯错误在所难免,也不可怕;可怕的是,我们不知道自己犯了错误,知道后不思悔改甚至一味地加以掩饰。犯了错误就要努力地去改正错误,我们自己应该正视而不是回避,应该改正而不是放任。这是避免犯同类错误的根本途径;也是完善自身、净化灵魂、提高修养的有效途径。无论犯了什么错误,年轻人都应该及时、诚恳地承认它,做好自我批评,这样他更容易赢得别人的理解甚至尊重。

059. 激发对方高尚的动机

[成功密码]

　　每个人都是自己内心的思想家,都把自己看得很高尚,都喜欢把自己行为的动机赋予一种好的解释。因此要改变一个人的意志,需要激发他高尚的动机。

我们每个人在内心都喜欢把自己理想化,都喜欢为自己行为的动机赋予一种良好的理解。

卡耐基曾经讲过这样一个故事:

他说,当年,我的家乡密苏里州有个匪首叫科尔尼·詹姆斯,他总喜欢抢劫,但是他的妻子却告诉我一些关于他的事情:他如何去抢火车和银行、商铺……然后又如何将这些抢来的钱财送给那些需要帮助的人。詹姆斯认为自己很善良,是个好人,正如后来的苏尔兹、"双枪手"克洛雷、卡朋恩及其他许多有组织的犯罪分子所想的一样。

事实也是如此，每个人在照镜子的时候，都会把自己看得很高尚，都会高估自己，而且对自己的评价也是尽量向好的方面去说。

大银行家摩根在他的一篇文章中说："一个人做任何事情，通常有两种理由，一种是动听的；一种是真实的。"每个人都会想到那个真实的理由，因此年轻人不必过分强调它。但是，每个人的内心大都是理想主义者，比较喜欢听到那个说来动听的动机。所以，如果我们想要改变他人，就要激发他高尚的动机。

在与人沟通的过程中，一个人高尚的动机常常是可以很好利用的东西。美国石油大王洛克菲勒就是一个善于激发对方高尚动机的高手。

洛克菲勒的家人经常成为新闻报道的对象。但是洛克菲勒极不喜欢摄影记者拍摄他家人的照片。

一次，一家报纸将他孩子的照片登在了报纸上。约翰·洛克菲勒认为，这样做对孩子的成长非常不利，于是洛克菲勒想阻止记者拍摄他孩子，希望他们不要再这样做了。但是他并没有向记者说，"我不希望我孩子的照片再被刊登出来"。而是他想到了一个高尚的动机，他知道每个人的内心都是柔软的，都不想伤害孩子。

他向记者们写了一封信，信中这样写到，他说："诸位，我相信你们之中有很多都已经当了爸爸，如果让孩子们成为新闻人物，那对孩子是不好的。"

从此之后，这家报纸再也没有刊登过这样的文章和照片，因为他们内心不愿意伤害孩子的潜在愿望起了作用。

另一个故事：

诺史克里夫爵士发现一本杂志上刊登了一张他不愿公开发表的照片，便写了一封信给那家杂志社的负责人。但是他并没有这么写："我不愿公开这张照片，请勿刊登。"而是激发对方一种比较高尚的动机，即人人都敬爱母亲的伦理观念。所以，他的信是这样写的："由于我的母亲不喜欢那张照片，所以请勿刊登。"

洛克菲勒、诺史克里夫爵士巧妙地激发了人人都不愿伤害子女和母亲的高尚动机，得到了他人的赞同。

年轻人想要改变他人，就要迎合他们高尚的动机。人人都是理想主义者，都喜欢为自己所做的事找到高尚的理由。如果你能够发现它们，就一定要用恰当的方式说出来，这样才能迎合他人的自尊，才能更好地处理你们之间的难题。

在说服他人时，激发别人高尚动机达到自己的目的，这是一种很好的沟通技巧。那么如何去激发别人的高尚动机呢？美国门罗教授提出了一种激发动机的五步法：

第一步：引起对方的注意，主要是善于提出问题；

第二步：明确你需要什么。把说服对象引到他自己的问题上；

第三步：告诉他怎样解决，拿出具体的解决办法；

第四步：指出两种前途。即是不同的结果；

第五步：说明应采取的行动。这样先从对方的动机出发，在动机上寻求一致点，站在对方的立场上求同存异，从而有效说服对方。

总之，年轻人在与人沟通的工作中，如果想要成功地改变他人的意志，获得他人的认可，就要懂得激发他人的高尚动机。

第八章

珍惜时间
——时间是成功的"护身符"

060. 时间是金钱

[成功密码]

世俗有"时间是金钱"这句话,所以窃取他人时间的小偷,当然该加以处罚,即使是那些愉快的好人,还是该如忌讳疾病地躲避他们。

人生最大的财富是什么?是金钱,是名利,还是……?不,不是,是时间。时间是一切东西的根源,时间是成功的保证。正如富兰克林所说:"你热爱生命吗?那么,请别浪费时间,因为时间是组成生命的材料。"时间是一切的保障。没有时间,一切都不可能成功。

时间是什么?是坤底下腐蚀的青铜,铭记着古老的习俗;是逝去的岁月编织成的谜;是斗艳争芳的花,却又抵挡不住凋零。时间是新生儿的欢笑,也是死亡时的啼哭。时间是特殊的,它演绎着不老的传说,阅览着世间的沧桑变故。

时间似清清的流水,你听不见它流逝的声音,也阻止不了它前进的步伐。唯有珍惜它,生命才有意义,否则就会虚度年华。在大千世界的所有批评家中,最伟大、最正确、最天才的是"时间",而"世界上最快而又最慢、最长而又最短、最平凡而又最珍贵、最容易被人忽视而又最容易令人懊悔的也是时间"。

爱迪生一生只上过三个月的小学,他的学问是靠母亲的教导和自修得来的。他的成功应该归功于母亲自小对他的谅解与耐心的教导,才使原来被人认为是低能儿的爱迪生,长大后成为举世闻名的"发明大王"。

爱迪生从小就对很多事物感到好奇,而且喜欢亲自去试验一下,直到明白了其中的道理为止。长大以后,他就根据自己这方面的兴趣,一心一意做研究和发明的工作。他在新泽西州建立了一个实验室，一生共发明了电灯、电报机、留声机、电影机、磁力析矿机、压碎机等总计两千余种东西。爱迪生的强烈研究精神，使他对改进人类的生活方式，作出了重大的贡献。

"浪费，最大的浪费莫过于浪费时间了。"爱迪生常对助手说，"人生太短暂了，要多想办法，用极少的时间办更多的事情。"一天，爱迪生在实验室里工作，他递给助手一个没上灯口的空玻璃灯泡，说："你量量灯泡的容量。"他又低头工作了。过了好半天，他问："容量多少？"他没听见回答，转头看见助手拿着软尺在测量灯泡的周长、斜度，并拿了测得的数字伏在桌上计算。

他说："时间，时间，怎么费那么多的时间呢？"爱迪生走过来，拿起那个空灯泡，向里面斟满了水，交给助手，说："里面的水倒在量杯里，马上告诉我它的容量。"助手立刻读出了数字。

爱迪生说："这是多么容易的测量方法啊，它又准确，又节省时间，你怎么想不到呢？还去算，那岂不是白白地浪费时间吗？"

事业成功的大部分来源于时间。我们要对时间赤诚相待，不能放走一秒。如果你走在时间前面，那么你就是一个成功者，如果你走在时间后面，那么你永远是一个败者。

时间是金钱，时间是生命。过去属于死神，未来属于自己。好好地珍惜时间，把握好时间的方舟，我们才能成为伟大的人。美国一位非常著名的学者伯纳德·艾伦森，在他90岁生日时，有人问他最珍惜什么，他说："我最珍惜时间，我愿意站在街角，手中拿着帽子，乞求过往行人把他们不用的时间扔在里面。"

也许你觉得自己年轻，有的是时间，许多东西可以失而复得，但你认真想一想，时间可以吗？每一天、每一分、每一秒，失去了就再也没有了。

明日复明日，明日何其多；我生待明日，万事成蹉跎。人生苦短。如果你希望过得充实，希望活得有意义、有价值，那么就不要浪费时间，不要虚掷光阴，不要一边肆无忌惮地挥霍你的时间，一边又以"没有时间"为借口，一味地拖延你奔向奋斗的目标。

莎士比亚曾说："时间会冲破青年人的华丽精致，它会把平行线刻上美人的额角；它会吃掉稀世之珍、天生丽质，什么都逃不过它横扫的镰刀。"所以，年轻人要高效地利用好自己的时间。下面我给大家提几个建议：

①选择真正感兴趣的工作

生命苦短，为什么我们要把时间浪费在自己不感兴趣的事情上呢？如果面对我没有兴趣的事情，我可能会花掉40%的时间，但只能产生20%的效果；如果遇到我感兴趣的事情，我可能会花100%的时间而得到200%的效果。

②写个"待做事项清单"

找出一堆要做的事情来并不难——人们总有无数目标想要达成。但是如果你试图把它们全都记在脑子里的话，你的大脑很容易失灵，将它们远远地抛之脑后。但如果你把它们都写下来，一旦你写成了这样一张"待做事项清单"，你就能一项一项、有条不紊地做事了。

③使用时间碎片和"死时间"

如果你对你要做的事情，列了一个清单，那么一定会发现这些事情中间，还会有很大的空间，你就可以把那些可以利用的时间碎片整理好，到你有空闲的时候有计划地去做别的事。

061. 合理支配时间的三个方案

[成功密码]

　　人真奇怪，幸福在眼前时，我们很少能把握，偏偏等到它消失了，才有所体会。

　　"逝者如斯夫，不舍昼夜。"时间似白驹过隙一般飞逝而过，一去不复返。时间不会因你的需要而停留，不会因你厌恶而放慢脚步。当你感觉不到它的存在时，你更不会在乎它的冷漠；当你感觉到它已离开时，你就会怪责它的无情。我们若不能主宰时间，就要做时间的奴隶；我们若不利用时间，时间就会把我们耗尽。

　　成功者与失败者之间最大的区别就在于利用时间的区别。你利用时间的方法将决定你能取得多大的成功。我们出生时，上帝送给我们最好的礼物就是时间。不论穷人还是富人，上帝对任何人都一视同仁：每人每天24小时——8.64万秒钟。但是，我们又有多少人真正合理地利用这笔财富呢？也许是因为上帝的"公平"，让我们觉得这个礼物来得如此廉价，我们对它经常是视而不见，任其流逝。而那些成功者却无不是惜时如金，在有限的时间内，尽自己最大努力实现人生的无限价值。

　　管理时间是生命的本质。不能管理时间，便什么也不能管理。失去了财富，可以辛勤地再赚，失去了知识，可以再学，但时间却是一去不返。人们总感叹时间过得太快，正因为人生短暂，我们才更应珍惜每一天、每一分钟、每一秒。巴甫洛夫在《给青年们的一封信》中谈到：一个人即使是有两次生命，这对于我们青年来说也是不够的。生命只有一次，年轻人在有限的时间里，充分利用好你们的时间吧。

法国科普作家凡尔纳也是一位善于利用时间的高手,他的一生记了上万册笔记,写了104部科幻小说,共有七八百万字,是一个典型的多产作家。他是怎样利用时间的呢?他每天早上5点钟起床,一直伏案写到晚上8点。在这15个小时中,他只在吃饭时休息片刻。当妻子来送饭时,他搓搓酸胀的手,拿起刀叉,很快填饱肚子,又拿起笔。妻子关切地问:"你写了那么多了,为什么还抓那么紧?"凡尔纳笑着说:"放弃时间的人,时间也放弃他。我哪能不写呢?"一些人惊异地问凡纳尔的妻子,她丈夫是如何取得这样大的成就的,她坦然地说:"凡尔纳成功的秘诀很简单,就是他从不放弃时间。"

弗莱彻说:"集腋成裘,聚沙成塔。几秒钟虽然不长,却构成永恒长河中的伟大时代。"成功的人,善用他的时间,是最大成功因素之一。那么,对于年轻人来说如何才能支配有限的时间呢?

①运筹时间的第一要素是善于安排时间

时间的供给,丝毫没有弹性。不管时间的需要多大,供给绝不可能增加。每人每天只有24小时,一个人的时间是有限的,不能在琐碎的事情上浪费时间。要注意80:20规则,把80%的时间用于工作是取得成功的关键。绝不要把你有限的时间浪费在只能产生很少回报的小事上。

②学会在合适的时间做合适的事情

合理支配时间就是要学会利用精力最好的时间来干最重要的事。要有计划地进行工作,如你可以利用排定事件先后次序、工作时间表以及分配任务等方式来达到目的。只要将要开始的活动作成记录,工作效率自然就会提高。

③保持时间运筹上的弹性

古话说:文武之道,一张一弛。工作中,无论干什么事,都应当保持时间运筹上的弹性,这样才能有效率、才能持久。

062. 昨日是作废的支票，只有今日才是法定的货币

[成功密码]

　　今天是多么地珍贵，我们如果是为了苦涩的烦恼及悔恨而糟蹋它，那太不值得了。昂起你的头，让心情开朗些吧，如同和煦的阳光滋润心田。珍惜今天的时光，因为它将不会再重现。

　　印度戏剧家卡里达沙在《向黎明敬礼》写道：

　　看着这一天！因为它就是生命，它是生命中的生命。在它短暂的时间里，有你存在的所有变化与现实；成长的福佑，行动的荣耀，还有成功的辉煌。昨天不过是一场梦，明天只是一个幻影，但生活在美好的今天，却能使每一个明天都充满了希望的幻影。所以，好好看着今天吧，这就是你对黎明的敬礼。

　　对我们来说，最重要的就是不要去看远方模糊的事，而要做手边清楚的事。隔断已经过去的那些昨天，隔断那些尚未到来的明天。可以生活在"和别的日子完全隔绝的今天"，把握现在，不必哀悼过去，更不要忧愁未来。昨日是作废的支票，只有今日才是法定的货币，而明天也只能是镜花水月、梦中桃园。

　　珍惜今天，才能拥有明天；把握今天，才能收获明天。把握今天的实际，不要幻想在明天会出现奇迹。今天的努力，就是为了更好的明天。一切美好从今天开始，让我们共同把握现在、把握今天，珍惜眼前的每分、每秒，走好每一步，努力把握好今天，怀着对明天的希冀和憧憬，定能收获灿烂的明天。

　　把握今天，是对理想的呼唤。把握今天，是对守望的期盼。把握今天，是对悔恨的永别。把握今天，梦想在眼前！

只有今天，才是真正实在的时段，在今天的人生轨道上，昨天的成功与失败都显得苍白黯淡，今天可以抹去昨天的伤楚与泪痕，让昨天的理想得以实现。抓住了今天，就是真正抓住了时间的要穴，在今天的沃土中种下了真诚与善良的种子，将来才会有一个幸福美满的结果。珍惜今天，就不会虚度光阴；珍惜今天，就不会错失机缘；珍惜今天，才是真正珍惜自己的生命；珍惜今天，才能有一个充实、无悔的人生！

古罗马诗人柯瑞斯曾写道："这个人很快乐，也只有他才能快乐，因为他把今天看成是自己的一天；他在今天会感到安全，他会这样说：'无论明天如何，我已经过了今天。'"年轻人，把今天留住，因为正如但丁所说，"想一想，这一天永远不会再来了"。人生短暂，不容蹉跎。昨天已然过去，明天则遥不可知，而今天最有价值，只有今天，才能描绘意想中明天的画卷。

063．别给生命打草稿

[成功密码]

　　可是，现在在我们中间总还有少数人，不能汲取前人浪费时间的教训，他们对时间很不珍惜，庸庸碌碌，无所作为；他们把今天所要干的事放在明天去干，一点也不因虚度年华而感到悔恨，也不为碌碌无为而羞耻。

卡耐基讲过他小时候的一个故事：

小时候，父亲让我同一老教授学写字，用废旧报纸练字多年，可自己一直没有大的进步。

老教授对父亲说："如果让你的儿子用最好的纸来写，可能会写得更好。"

从此以后，父亲就按照他说的去做了。果然，我的字大有长进。

问其原因，老教授说，因为你用旧报纸写字的时候，总感觉是在打草稿，即使写得不好也无所谓，以后还有机会，所以就不能完全专心；而用最好的纸，你就会感觉机会的珍贵，有一种很正式的心态，从而也就比平常练习时更加专心致志，用心去写，所以字也就能够写好。

其实，人生也是如此，对待每一件事，都应该用最认真的态度去对待，而不应用打草稿心态，白白浪费了大好的时光。

"记住，时间就是金钱。假如说一个每天能挣10个先令的人，玩了半天，或躺在沙发上，消磨了半天，他以为他在娱乐上仅仅花了6个便士而已。不对！他还失掉了他本可以获得的5个先令……记住，金钱就其本性来说，绝不是不能升值的。钱能生钱，而且它的子孙还会有更多的子孙……谁杀死一头生崽的猪，那就是消灭了它的子孙后代，如果谁毁掉了5先令的钱，那就是毁掉了它所能产生的一切，也就是说，毁掉了一座英镑之山。"这是本杰明·富兰克林对我们的忠告。它通俗而又直接地阐述了这样一个道理：如果想成功，必须重视时间的价值。

卡耐基问他的学生："假如有一家银行每天早上都在你的账户里存入86400美元，可是每天的账户余额都不能结转到明天，一到结算时间，银行就会把你当日未用尽的款项全数删除。这种情况下你会怎么做？"

"当然，每天不留分文地全数提领是最佳选择。"学生回答道。

"你可能不晓得，其实我们每个人都有这样的一个银行，它的名字是时间。"卡耐基接着说，"每天早上时间银行总会为你在账户里自动存入86400秒。一到晚上，它也会自动地把你当日虚掷掉的光阴全数注销，没有分秒可以结转到明天，你也不能提前预支片刻。如果你没能适当使用这些时间存款，损失掉的只有你自己会承担。没有回头重来，也不能预提明天，你必须根据你所拥有的这些时间存款而活在现在。你应该善加投资运用，以换取最大的健康、快乐与成功。"

珍惜时间就是珍惜生命，浪费时间就等于谋财害命。美国著名科学家富兰克林曾经说过："你热爱生命吗？那么就别浪费时间，因为时间是组成生命的材料。"伟大的诗人歌德，他的自述是他对时间的认识和感情的最好注脚："时间是我的财产，我的田地。"时间在不停地转动，请珍惜你的时间，而不要浪费。

064. 世界上最长和最短的东西

[成功密码]

时间是最伟大的魔术师，真正成就一个人和一件事情的是时间。

法国思想家伏尔泰曾出过一个意味深长的谜：

"世界上哪样东西最长又是最短的，最快又是最慢的，最能分割又是最广大的，最不受重视又是最值得惋惜的；没有它，什么事情都做不成；它使一切渺小的东西归于消灭，使一切伟大的东西生命不绝？"

"这是什么？"众说纷云，捉摸不透。

有一名叫查第格的智者猜中了。他说："最长的莫过于时间，因为它永远无穷无尽；最短的也莫过于时间，因为它使许多人的计划都来不及完成；对于在等待的人，时间最慢；对于在作乐的人，时间最快；它可以无穷无尽地扩展，也可以无限地分割；当时谁都不加重视，过后谁都表示惋惜；没有时间，什么事情都做不成；时间可以将一切不值得后世纪念的人和事从人们的心中抠去，时间能让所有不平凡的人和事永垂青史。"

时间到底是什么呢？时间对于不同的人有不同的意义。对于活着的人来说，时间是生命；对于从事经济工作的人来说，时间是金钱；对于做学间的人来说，时间是资本；对于无聊的人来说，时间是债务；对于正处于事业上升期的年轻人来说，时间是财富、是资本、是命运、是千金难买的无价之宝。

时间是世界上最快又最慢、最长而又最短、最平凡而又最珍贵、最易忽视而又最令人后悔。它一步步、一程程，永不停留，走过秒、分、时、日，又积成周、月、年、代。

时间一去不返，不管你高兴还是忧伤。正如莎士比亚所说："时间的无声脚步，是不会因为我们有许多事情要处理而稍停片刻的。"时间给勤奋者留下智慧与力量，给懒惰者留下遗憾与懊悔。

所以，年轻人珍惜时间吧。充分利用上帝给我们的每一分钟、每一秒，让我们不要成为时间的奴隶，而做时间的主人。

065. "第25小时"

[成功密码]

零星的时间，如果能敏捷地加以利用，可成为完整的时间。所谓"积土成山"是也，失去一日甚易，欲得回已无途。

有人算过这样一笔账：

每个人若能每天节约1小时，你就比别人多有效地利用1小时，一周就至少可比别人有效利用5小时，一年就有效利用250小时，则生产力就能提高10%以上。每一个人都拥有一天24小时，但是你比别人多有效利用1小时，就相当于你拥有了额外的一小时，就是第25小时。

如：

如果你每天在这一小时的时间中挤出15分钟看书，假如一个中等水平的读者读一本一般性的书,每分钟能读300字,15分钟就能读4500字。一个月是135000字,一年的阅读量可以达到162万字。而书籍的篇幅以60000字计,一年就可以读27本书,这个数目是客观的,远远超过了世界上人均年阅读量。

上帝对每个人都是公平的,因为每个人都有24小时,上帝对每个人都不公平,因为每个人的24小时都不一样。

卡耐基曾形象地说:

"时间如同一个罐子,如果把几块石头当做你已经有效利用的时间,放进去,当然罐子并没有装满。接着你可以抓一些沙子撒进去,这下罐子看起来似乎是满了,但如果你再往里面倒一些水,罐子还是能容纳的。可见时间的总量是固定的,而对于每个人有效利用的部分来说却不一样。有人只放进去几块甚至一块石头,有些人却利用了沙子般的时间,而善于利用时间的人已经能把时间看成水一样运用自如了。"

我们每天的生活和工作时间都有很多零碎时间,合理安排自己的零碎时间,对人生是一种丰富,对事业是一种催化。

松山真一是日本航空运行技术性能组组长。很长一段时间,人们只知道他拥有和我们同样多的时间,但要做比我们更多的事,却不知道他是怎么办到的。

松山真一每天阅读一本书,读完后写出书评,然后发送给网络杂志。因见识独到、评论精妙,许多书评被反复转载,约有10万之众的读者。

松山真一每天早上6点起床,赶搭头班车上班。因为家离公司较远,车上有将近两个小时的路程,松山真一决定将这段时间用来读书,不是为打发时间的泛泛乱翻,而是像上阅读课一样认真研读。

8点钟到公司后,在尚无一人的办公室,松山真一开始全神贯注地梳理一天要做的事项,并逐一记在行事历上,然后根据轻重缓急程度标明序号以及完成时间,这时间精确到以分计算。

即使在这段无人的时间,松山真一也严格要求自己端坐在桌前,因为他一贯相信人处于什么样的状态就会做什么样成效的事情。

9点种上班时间到,其他同事匆匆忙忙赶来时,松山真一已在万事具备、引擎全开的状态中开始新的一天了。

晚上下班回家的途中,松山真一凝神思索早上所读的书目,构思好自己的书评,晚上吃完饭,便一挥而就,一个闲适、美满的晚上时段开始了。

亨利·福特说:"据我观察,大部分人都是在别人荒废的时间里崭露头角的。"现代人的生活节奏越来越快,许多人都常常感到时间紧张,时常抱怨老被时间追着跑,工作、生活难两全,其实,只要懂得"挤"时间和"积"时间的窍门,鱼与熊掌是可以兼得的。

成功学家奥格·曼狄诺曾推荐给年轻人以下几点建议去利用零碎的时间:

①在空白的零碎时间里加进充实的内容;

②在同一时间里做两件事,即通常所说的一心两用;

③化零为整,把多个短时间集成长时间。

总之,善于利用零星时间的人,才会做出更大的成绩来。

066. 与时间赛跑

[成功密码]

　　我认为人性中最具有悲剧性的事,就是我们不能把握现在。人们一直梦想着地平线彼岸的玫瑰园——以致无法欣赏正绽放在窗前的玫瑰花。

在开始正题之前,先讲一个故事给你听。

在非洲的大草原上,一天早晨,曙光刚刚划破夜空,一只羚羊从睡梦中猛然惊醒。"赶快跑!"它想到,"如果慢了,就可能被猎豹吃掉!"

于是,起身就跑,向着太阳飞奔而去。

就在羚羊醒来的同时,一只猎豹也惊醒了。"赶快跑,"猎豹想到,"如果慢了,就可能被饿死!"

于是,起身起跑,也向着太阳奔去。

故事很简短,却耐人寻味。

与时间赛跑会让你受益无穷。

(1) 能让平淡无味的工作变得有趣、生动;

(2) 具有紧迫感,能让人高效率地利用时间;

(3) 提高你的工作质量。和时间赛跑,可以激发你的热情。这是一种内在的变化,时间似乎很少,但你的工作质量却提高了。

时间就是速度。在现代竞争中,谁赢得了速度,谁就获得了胜利。

贝尔在研制电话时,另一个叫格雷的人也在研究。两人同时取得突破,但贝尔在专利局赢了——比格雷早了两个钟头。

因为120分钟,贝尔一举成名,名满天下,而格雷几乎无人知晓。

谁快谁赢得机会,谁快获得成功。无论相差只是0.1毫米还是0.1秒钟,虽是毫厘之差,但天壤之别。

时间是金钱,时间很宝贵。正如一位哲人所说:"想要体会'一毫秒'有多少价值,你可以去问一个错失金牌的运动员;想要体会'一秒钟'有多少价值,你可以去问一个死里逃生的幸运儿;想要体会'一分钟'有多少价值,你可以去问一个错过火车的旅人;想要体会'一小时'有多少价值,你可以去问一对等待相聚的恋人;想要体会'一周'有多少价值,你可以去问一个定期周刊的编辑;想要体会'一月'有多少价值,你可以去问一个不幸早产的母亲。想要体会'一年'有多少价值,你可以去问一个失败重修的学生。"

洛克菲勒很有钱,听说他掉了100美元都不会去捡,因为他说:"我弯腰去捡起的5秒钟,就足以让我赚100万美元了,我宁愿弃卒保车,也要保全大局。"

也许成功人士与平庸人士的区别之一,就在于前者会花 5 秒钟去赚钱,而后者会花 5 秒钟去捡掉在地上的钱。

拿破仑·希尔认为:竞争的实质就是在最短的时间内做最好的东西。人生最大的成功就是在最短的时间内达到最多的目标。大凡成功者,都善于与时间赛跑。年轻人如果你想创造成功的人生,你就必须在平时训练自己利用时间,追求时间的效用习惯,永远要领先别人,否则你这条慢鱼就会被快鱼吃掉。

067. 让你的时间有价值

[成功密码]

世上有三种东西无法挽回:一是泼出去的水,二是流逝的时间,三是错过的机遇。我们总是处在不停地忙碌之中,任谁都无法挽留流逝的时间,但在有限的生命时光中都希望寻找到属于自己的人生机遇。

时间是有价的,可是我们的许多时间并没有体现出它的价值。

卡耐基曾粗略地统计过一个活到 73 岁的人一生的时间分配情况,结果发现他只是工作了 14 年,睡觉却花了 21 年,另外,个人卫生花了 7 年,吃饭花了 6 年,旅游花了 6 年,排队花了 6 年,学习花了 4 年,开会花了 3 年,打电话花了 2 年,找东西花了 1 年,其他花了 3 年。

时间是效率,时间也是金钱。但对每一个人来说,时间一样,价值却不同。那么,如何让你的时间更有价值?

①改变你的想法

美国心理学之父威廉·詹姆士对时间行为学的研究发现有这样两种对

待时间的态度:"这件工作必须完成,但它实在讨厌,所以我能拖便尽量拖"和"这不是件令人愉快的工作,但它必须完成,所以我得马上动手,好让自己能早些摆脱它"。

当你有了动机,迅速踏出第一步是很重要的。不要想立刻推翻自己的整个习惯,只需强迫自己现在就去做你所拖延的某件事。然后,从明早开始,每天都从你的工作清单中选出最不想做的事情先做。

②学会列清单

赫德莉克在他的所著的《生活安排五日通》一书里说:"不要把所有的活动都记在脑袋里,应该把做的事写下来,让脑子做更有创意的事。"

把自己要做的每一件事情都写下来,这样做有利于我们规划每天的时间。并且还应建立优先顺序,有利于提高工作效率。

③安排"不被干扰"时间

洛克菲勒就十分推崇这一点。如果没有要事,他一般不愿意被人打扰,不必要电话一般不接。他说:"挥霍时间就等于挥霍自己的生命。"

每天至少要有半小时到一小时的"不被干扰"时间。假如你能有一个小时完全不受任何人干扰,自己关在自己的空间里面思考或者工作。这一个小时可以抵过你一天的工作效率,甚至有时候这一小时比你三天工作的效率还要高。

④设定最后期限

巴金森在其所著的《巴金森法则》中,写下这段话:"你有多少时间完成工作,工作就会自动变成需要那么多时间。"

如果你有一整天的时间可以做某项工作,你就会花一天的时间去做它。而如果你设定了最后期限,这会增加你的紧迫感,你就会更快速地做完它。

⑤避免不必要的重复,杜绝浪费

做一个珍惜时间的人,科学地把握时间、善用时间,避免不必要的重复，而过多地浪费自己的时间，用更多的时间去做有意义的事。

⑥理解时间大于金钱

用你的金钱去换取别人的成功经验，一定要抓住一切机会向顶尖人士学习。仔细选择你接触的对象，因为这会节省你很多时间。假设与一个成功者在一起，他花了50年时间成功，你跟10个这样的人交往，你不是就浓缩了500年的经验？

时间是人生最大的财富，时间可以创造出无可比拟的价值，但时间稍纵即逝，永不回头。所以，珍惜时间的价值，年轻人才能创造更多的价值。

拿破仑·希尔指出："利用好时间是非常重要的，一天的时间如果不好好规划一下，就会白白浪费掉，就会消失得无影无踪，我们就会一无所成。"理解了时间的价值，是为了更好的管理、利用我们的时间，才能让你不虚度时间，让你的生活更加充实，让你的事业更加成功，让你的时间价值百万。

068. 集中精力办大事

[成功密码]

我知道我所需要处理的事情很多，但我的精力有限，一次只能处理一件事情，于是我就按照所要处理事情的重要性，列了一个顺序表，然后就一件件地处理。结果，就全部处理完了。

帕累托定律又名二八定律、80/20定律、最省力的法则等，是19世纪末20世纪初意大利经济学家帕累托发明的。他认为：在任何一组东西中，最重要的只占其中一小部分，约20%，其余80%的尽管是多数，却是次要的。

我们的工作中，有一些是极其重要的，有一些并不那么重要，而另一些则是完全不重要。因此，我们应该集中精力办大事，千万不可将有限的时间浪费在琐碎的小事上。

卡耐基曾在成人训练班上告诉他的学员，应把事情按紧急和重要的不同程度，分为A、B、C、D四类。先做AB、少做C，不做D。这样就能始终抓住"重要"的事，才能最好地节约时间，获得较高的回报。A、B类事务多了，C、D类自然就杜绝了，你就会越来越有远见、有理想、有效率，少有危机。请在一周内简要记下您所做的A、B、C、D四类事务；请把一周事务记录作深刻检讨，并参照以上原则重新规划配置您的事务重心。

人们总是根据事情的紧迫感，而不是事情的重要程度来安排先后顺序，这样的做法是被动而非主动的，成功人士不能这样工作。时间管理的精髓即在于：分清轻重缓急，设定优先顺序，让有限的时间获得最高的回报。

查斯·舒瓦普是美国伯利恒钢铁公司的总裁，他曾向效率专家艾维·利求教，如何才能提高自己公司的效率。

艾维·利声称可以在10分钟内就给舒瓦普一样东西，这东西能把他公司的业绩提高50%，然后他递给舒瓦普一张空白纸，说："请在这张纸上写下你明天要做的6件最重要的事。"舒瓦普用了5分钟写完。艾维·利接着说："现在用数字标明每件事情对于你和你的公司的重要性次序。"这又花了5分钟。艾维·利说："好了，把这张纸放进口袋，明天早上第一件事情是把纸条拿出来，做第一项最重要的。不要看其他的，只是第一项。着手办第一件事，直至完成为止。然后用同样的方法对待第2项、第3项……直到你下班为止。如果只做完第一件事，那不要紧，你总是在做最重要的事情。"

艾维·利最后说："每一天都要这样做——您刚才看见了，只用10分钟时间——你对这种方法的价值深信不疑之后，叫你公司的人也这样干。这个试验你爱做多久就做多久，然后给我寄支票来，你认为值多少就给我多少。"一个月之后，舒瓦普给艾维·利寄去一张2.5万美元的支票，还有一封信。信上说："那是他一生中最有价值的一课。"5年之后，这个当年不为人知的小钢铁厂一跃而成为世界上最大的独立钢铁厂。人们普遍认为，艾维·利提出的方法功不可没。

大家都在为自己的目标奋斗着，不免在生活中受到其他事情的干扰，或者说是自己不能很好地把握自己的主要奋斗方向，犹豫与踌躇间的生活插曲的嵌入，而这需要我们花费一定的时间去做它，去认真地结束，生活中的每一天，我们都会有几件事情或者一件事情占据着我们生活中的精力，人不是一个万能的动物，总有自己的能力范围与精力范围。在有限的时间去完成一定数量的任务与事情，这就需要我们集中精力办大事。

斯宾塞说："必须记住我们学习的时间是有限的。时间有限，不只是由于人生短促，更由于人事纷繁。我们应该力求把我们所有的时间用于做最有益的事情。""时不我待"，我们拥有的时间是有限的，要创造大的价值就必须把时间用在最有"生产力"的地方。

聪明的人会过滤无关紧要的信息，把注意力集中到最应该去做的事情上。

成功的人有一个显著的特征，就是能够判断出不同事物的相对重要程度。我们必须学会这一点，分清日常事务中哪些是重要的并应该立即去做的。

大家都知道钉子之所以可以钉入坚硬的墙壁和厚厚的木板里，是因为它有个尖尖的头，可以将同样大的力量集中于一点，我们做事也是一样。其实，在我们的日常生活中，事情是永远也做不完的，要想在有限的时间内做完和做好更多的事情，就必须知道什么事最重要。明确重点，突出重心，才能在有限的时间和精力下完成最有价值的工作，达到事半功倍的效果。

如果我们做事情不分主次、不管轻重缓急，把所有事情都分配相同的时间和精力，就会在小事上过分劳心费神、斤斤计较、患得患失、烦恼不已，就会荒废了大事，从而荒废整个人生。从这个意义上说，要取得成功，不断实现人生的新跨越，不在于我们一辈子做了多少事，而在于我们是否用尽全力将最重要的一件事或者几件事做好。

实际上，有些成功者，甚至穷其一生在做一件或几件对他们来说最重要的事情。每天都做重要的事，给你带来的将是人生的黄金。

第九章

成功源自心态

——心态是成功的"入场券"

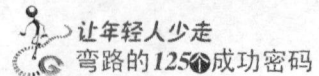

069. PMA 黄金定律

[成功密码]

环境并不能决定人是否幸福。我们对环境的反应才真正决定我们的感受。耶稣说过，天堂就在人的心中。地狱，当然也是一样。

人生是美好的，因为有着幸福的生活；生活是幸福的，因为有着积极的心态。对于成功来说，一个积极的心态比100种智慧更有力量。

成功学家拿破仑·希尔提出的成功黄金定律是：

成功人士与失败人士的差别就在于成功人士有积极的心态，即 PMA（Positive Mental Attitude），而失败人士则习惯于以消极的心态去面对人生，即 NMA（Negative Mental Attitude）。

以积极心态支配人生的人，总是以积极奋发、乐观进取的心态去面对生活中遇到的各种困难、矛盾和问题，从而奏响成功的乐章；而以消极心态支配人生的人，心态悲观、消极、颓废，从而生活就犹如断线的风筝，随波逐流。

两兄弟在沙漠中跋涉数日，口干舌燥。他们翻遍了所有的水袋，只剩下一滴水，哥哥叹息说："完了，只剩一滴了。"弟弟兴奋地说："太好了，还有一滴。"

结果大家可想而知，哥哥最终身埋沙堆，弟弟却坚强地走出了沙漠。如果那位哥哥当时并不是那种消极的心态，如果他能像弟弟那样对自己说一声"还有一滴，太好了"，结局也许就不是这么悲哀了。可见，积极向上、朝气蓬勃的心理状态对人生有着良好的导向作用，反之亦然。

成功源自积极的心态。积极的心态能够让人把目光盯在远方，明确目标，积极进取。卡耐基曾讲过这样一个故事：

一个叫塞尔玛的年轻女人，陪伴丈夫驻扎在一个沙漠的陆军基地时，丈夫奉命到沙漠里演习，她一个人留在陆军的小铁皮房子里，不仅炎热难熬，而且没有人谈天，只有墨西哥人和印第安人，他们不会说英语。她太难过了，就写信给父母说要回家，她父亲的回信只有两行字，但是这两行字彻底改变了她的生活———"两个人从牢房的铁窗望出去，一个人看到了泥土，一个人看到了星星。"塞尔玛把这封信读了多遍，感到非常惭愧，决定在沙漠里寻找自己的星星。

她开始和当地人交朋友，人们对她非常热情，她对当地的纺织品和陶器表示出兴趣，人们就把舍不得卖给观光客人的纺织品和陶器送给她。塞尔玛研究那些引人入迷的仙人掌和各种沙漠植物，又学习了有关土拨鼠的知识，观看沙漠的日出日落，还寻找海螺壳……

沙漠没有变，印第安人没有变，只是塞尔玛的念头和心态改变了。这一念之差使塞尔玛变成了另一个人，原先的痛苦变成了一生中最有意义的冒险，并为自己的新发现而兴奋不已，两年之后，塞尔玛的《快乐的城堡》出版了，她终于"看到了星星"。

这个故事告诉我们：

(1) 环境并不能决定人是否幸福；

(2) 你怎样对待生活，生活就怎样对待你；

(3) 一个人的心态很重要。身处顺境，如果以消极心态处世，可能会止步不前，甚至坠入深渊；相反，如果有良好的心态，可能会柳暗花明。

积极的心态是一弯明月倒映在水中，让你在平淡中体味"掬水中月在手，弄花香满衣"的雅然；积极的心态是一轮旭日喷薄在身边，让你在失意时看到"阳春回雪时，万物生光辉"的希望。成功学家拿破仑·希尔曾说："一个人能否成功，关键在于他的心态。"年轻人要想平步青云，那你得抱着积极的心态：把挫折辗作黄泥，铺就前进的道路，让梦想乘着列车，奔向成功的彼岸。

070. 心态魔方

[成功密码]

　　心态像镜子，它可以让你美好的心灵展现得更加精彩，也可以让你丑陋的灵魂无处躲藏；心态像雨伞，它可以阻拦暴风骤雨对你的袭击，又可以妨碍阳光把你变得温暖；心态像利剑，它可以让你砍断前方的荆棘，又可以反刺你的心灵。

　　一位哲人曾经说过："你的心态就是你真正的主人，要么你去驾驭生命，要么是生命驾驭你，而你的心态决定谁是坐骑，谁是骑师。"

　　卡耐基曾今写道：

　　人生在世，我们追求的最终目的就是为了幸福，但幸福不一定就是财富或名望。其实，决定幸福的条件只有一个，那就是——你的思想。即使你身体残疾不健康，你的心态好，你也会快乐；即使你无法随心所欲，对于你所拥有的仍应心存感谢。让那些值得感恩的事充满你头脑，而不可抱怨你的琐事。

　　如果你总是感觉自己情绪低落、失望，那么你的生活就是消极的；如果你总是觉得心情如阳光般灿烂，那么你的心态就是积极的。这就是心态给我们的生活所施展的魔法。

　　一个名叫维克多·弗兰克的研究精神病的博士曾经在纳粹集中营中被关押了很多日子，饱受了纳粹分子的凌辱。

　　弗兰克曾经绝望过，这里只有屠杀和血腥，没有人性、没有尊严，那些持枪的人，都是野兽，可以不眨眼地屠杀一位母亲、儿童或老人。

　　他时刻生活在恐惧中，这种对死的恐惧让他感到一种巨大的精神压力，集中营里每天都有因此而发疯的人。弗兰克知道，如果不控制好自己的情绪，他也难以逃脱精神失常的厄运。

有一次弗兰克随着长长的队伍到集中营的工地上去劳动。一路上，他产生一种幻觉：晚上能不能回来？能否吃上晚餐？鞋带断了，能不能找到一根新的？这些幻觉让他感到厌倦和不安。于是，他强迫自己不想那些倒霉的事，而是刻意幻想自己正走在前去演讲的路上，来到一间宽敞明亮的教室中，精神饱满地在发表演讲。

弗兰克发现，这是久违的笑容，许多年了，它一直没有出现过。当知道自己也会笑的时候，弗克预感到，他不会死在集中营里，他会活着走出魔窟般的地方。

多年后，从集中营中被释放出来时，弗兰克显得精神很好。他的朋友不相信，一个人在魔窟里还能保持年轻。

同一个人，同样的遭遇，不同的心态，得到的却是不同的局面。这就是心态的魔力。不同的心态给我们带来不同的结果，积极的心态能时刻为我们提供快乐，而消极的心态则时刻为我们设置障碍。比如同样面对半杯水，有的人说杯子是半空的，而有的人却说杯子是半满的。水没有变，不同的只是心态而已。

成功学大师拿破仑·希尔说："积极的心态，就是心灵的健康和营养。这样的心灵能吸引财富、成功、快乐和身体的健康。消极的心态却是心灵的疾病和垃圾。这样的心灵不仅排斥财富、成功、快乐和健康，甚至会夺走生活中已有的一切。"积极的心态是成功的起点，是生命的阳光和雨露，是指导我们去发现美、发现生活意义的眼睛，而消极的心态是成功的终结者，是生命的腐蚀剂，选择了消极心态的人注定会陷入失败的沼泽。

美国成功学院对1000名世界知名成功人士的研究结果表明：积极的心态决定了成功的85%。心态决定命运，改变自己的心态，就能改变自己的世界。年轻人，让我们都调适好自己的心态，拥有积极的心态，去创造属于自己的成功人生。

071. "心"若在，梦就在

[成功密码]

要是一个人充满信心地朝理想的方向去努力，决心过他所想过的生活，他就一定会得到意外的成功。

信心是惊雷、是骤风，横扫一切拖沓、迟滞、忧郁与懒惰；信心是战鼓、是号角、是旌旗，激励斗志，催人奋进，勇往直前，迎接挑战；信心是阳光、是雨露、是琼浆，助人思维敏捷，精神抖擞，挥洒一切。信心使潜能释放，使困难后退，使目标逼近。信心是发挥主观能动性的阀门，是启动聪明才智的马达，是战胜自己、告别自卑、摆脱烦恼的一剂良药。拥有信心就拥有无限机会。

很多人因为自信，所以成功。有人问居里夫人，您认为成才的窍门在哪里？居里夫人肯定地说："恒心和自信心，尤其是自信心。"莎士比亚也说"自信心是走向成功的第一步"。

古希腊的大哲学家苏格拉底在临终前有一个不小的遗憾——他多年的得力助手，居然在半年多的时间里没能给他寻找到一个最优秀的闭门弟子。

事情是这样的：苏格拉底在风烛残年之际，知道自己时日不多了，就想考验和点化一下他的那位平时看来很不错的助手。他把助手叫到床前说："我的蜡所剩不多了，得找另一根蜡接着点下去，你明白我的意思吗？""明白，"那位助手赶忙说，"您的思想光辉是得很好地传承下去。"

"可是，"苏格拉底慢悠悠地说："我需要一位最优秀的承传者，他不但要有相当的智慧，还必须有充分的信心和非凡的勇气……这样的人选直到目前我还未见到，你帮我寻找和发掘一位好吗？""好的、好的。"助手很温顺、很尊重地说:"我一定竭尽全力地去寻找,以不辜负您的栽培和信任。"苏格拉底笑了笑,没再说什么。

那位忠诚而勤奋的助手,不辞辛劳地通过各种渠道开始四处寻找了。可他领来一位又一位,总被苏格拉底一一婉言谢绝了。有一次,当那位助手再次无功而返地回到苏格拉底病床前时,病入膏肓的苏格拉底硬撑着坐起来,抚着那位助手的肩膀说:"真是辛苦你了,不过,你找来的那些人,其实还不如你……""我一定加倍努力,"助手言辞恳切地说,"找遍城乡各地、找遍五湖四海,我也要把最优秀的人选挖掘出来、举荐给您。"苏格拉底笑笑,不再说话。

半年之后,苏格拉底眼看就要告别人世,最优秀的人选还是没有眉目。助手非常惭愧,泪流满面地坐在病床边,语气沉重地说:"我真对不起您,令您失望了!""失望的是我,对不起的却是你自己,"苏格拉底说到这里,很失意地闭上眼睛,停顿了许久,才又不无哀怨地说:"本来,最优秀的就是你自己,只是你不敢相信自己,才把自己给忽略、给耽误、给丢失了。其实,每个人都是最优秀的,差别就在于如何认识自己、如何发掘和重用自己……"话没说完,一代哲人就永远离开了他曾经深切关注着的这个世界。

为了不重蹈那位助手的覆辙,每个向往成功、不甘沉沦者,都应该牢记先哲的这句至理名言:"最优秀的就是你自己!"

是的,"最优秀的是你自己。"有些时候,因为自卑,我们不敢大迈脚步;因为自卑,我们会错失很多良机,反之,充满自信,我们会勇于挑战,迎接未来。

俄国著名戏剧家斯坦尼斯拉夫斯基,有一次在排演一出话剧的时候,女主角突然因故不能演出了,斯坦尼斯拉夫斯基实在找不到人,只好叫他的大姐担任这个角色。

他的大姐以前只是一个服装道具管理员,现在突然出演主角,便产生了自卑胆怯的心理,演得极差,引起了斯坦尼斯拉夫斯基的烦躁和不满。

一次,他突然停下排练,说:"这场戏是全剧的关键;如果女主角仍然演得这样差劲儿,整个戏就不能再往下排了!"这时全场寂然,他的大姐久久没有说话。突然，她抬起头来说："排练!"一扫以前的自卑、羞怯和拘谨，演得非常自信、非常真实。

斯坦尼斯拉夫斯基高兴地说："我们又拥有了一位新的表演艺术家。"

这是一个发人深思的故事，为什么同一个人前后有天壤之别呢？这就是自卑与自信的差异。

人生最大的缺少莫过于失去信心。在人生的道路上，信心是成功的需要。正如美国作家爱默生说："自信是成功的第一秘诀。"有了它就等于为成功建造了一座稳固的灯塔，找到了一处甘泉的源头；有了它，你可以展望未来；有了它，你的前方不再黑暗；有了它，你的成功之路就不会遥远。

在每一个成功者背后，都有一股巨大的力量——信心在支持并推动他们不断前进。卡耐基肯定地说：

信心是力量；

信心是奇迹；

信心是创立事业的资本；

信心是命运的主宰；

"心"若在，梦就在。

072. 如果有个柠檬，就做柠檬水

[成功密码]

如果你想要成功，你就必须改变你的心态。爱因斯坦说："如果一个人一直重复过去的行为而想得到更好的结果的话，那这样的人就等同于神经病"。如果你不改变处世的心态，你就只能像你以前那样平平庸庸、碌碌无为了。

卡耐基曾有过这样一个经历：

有一次，他曾去拜访芝加哥大学校长罗勃特·哈金斯，问他："如何才能获得快乐？"

罗勃特·哈金斯校长回答说:"我一直试着遵照一个小的忠告,这是已故的西尔斯公司董事长裘利亚斯·罗森渥德告诉我的,他说,'如果只有一个柠檬,就做柠檬水。'"

"是的",卡耐基接着说,"一般人如果发现命运送给他的只是一个柠檬,他会说:'我完了,我的命怎么这么差?'于是陷入自怜之中,觉得世界都在与他作对。如果是一个聪明的人得到一个柠檬,他会说:'我可以从这次不幸中学到什么?我怎样把这个柠檬做成柠檬水呢?'"

当命运交给一个人只有柠檬的时候,聪明的人会说:"幸好还有一个柠檬,我可以把它做为柠檬水。"而那些悲观的人会说:"糟了,怎么会只剩下一下柠檬了,我该将怎么办?"这是两种截然不同的处世心态,同样也会造成两种不同的结果。

如果你想要成功,你就必须改变你的心态。爱因斯坦说:"如果一个人一直重复过去的行为而想得到更好的结果的话,那这样的人就等同于神经病"。如果你不改变处世的心态,你就只能像你以前那样平平庸庸、碌碌无为了。

卡耐基曾说:"世上充满有乐趣的事,在如此多彩多姿的世界中,千万不可容许自己过得无聊。在这世上,从来都有只有唯一的一次机会去品尝人生这场精彩的探险。何不精心安排、全心全意地活得充实、活得快乐?"

卡耐基还讲了另外一个故事,讲述的是一个女人如何从绝望看到希望的故事。

生活中,一个好的心态,可以使你乐观豁达,塑造出平和宽容的性格;一个好的心态,可以使你战胜困难,塑造出坚韧的性格;一个好的心态,可以使你淡泊名利,塑造出平和达观的性格,过上真正快乐的生活。人类几千年的文明告诉我们,积极的心态帮助我们获取健康、幸福和财富。

物随心转,境由心生,烦恼皆由心生。心态的不同必然导致人格和作为的不同,因而也会谱写不同的人生。心态决定心情,好心态带来好心情,坏心态带来坏心情。不良的心态会影响生活和工作,久而久之,会影响一个人的性格,正因为人可以有着种种的心态,才造就了不同的人生。

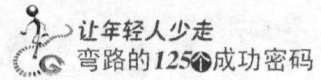

要改变自身的环境，重要的是调节心态。

一位哲人说过，成功源自心态，因为心态决定思想、思想决定行为、行为决定习惯、习惯决定性格、性格决定结果。当命运交给我们只有一个柠檬时，就把它做成柠檬水吧。

073. 信念是不竭的力量源泉

[成功密码]

如果你的心中充满一些坚定的信念，就不要在意别人说什么和做什么，只要不违背自己内心的信念就行。

哈佛人认为，一个失去了信念的人，就像一根潮湿的火柴，永远不可能点燃成功的火焰。许多年轻人失败不是因为他们没有目标，而是因为他们缺少信念。没有信念，就失去了坚持下去的力量。

信念是支撑人生大厦的柱石，没有它，我们的精神世界就会倾覆。信念是力量的源泉，是胜利的旗帜。有了它，希望就能够永存；有了它，人生会更加坚定。

英国《人物》周刊上将一条狗登上了封面，《人物》周刊对这条狗作了以下的描述："它是降临在浮躁的英国的一种力量，它是笃定而欢快地照耀在任何一位迷失者前方的一盏路灯，它是早就藏好了眼泪和悲伤、只表露笑容与歌声的一种幸福，它的名字叫信念，它是一条狗，它是一条两条腿、像人类一样直立行走的狗。"

黑人领袖马丁·路德金说："这个世界上，没有人能够使你倒下，如果你自己的信念还站立的话。"它支持着人们生活，催促着人们奋进，推动着人们进步，正是它，创造了世界上一个又一个的奇迹。

在法国作家艾·马洛的《苦儿流浪记》中有这样一段情节：

主人公与几名矿工在工作时遇难了，大家被困在一个狭小的空间里，脚下是无尽的水流，他们所有的，不过就是几盏灯。在这极度恶劣的情况下，他们看起来不是被淹死就是被窒息而死，再不然就是被饿死，总而言之似乎是必死无疑。

营救虽然在努力进行着，但是人们都没多大把握成功。而矿井下的情况确实不容乐观，因为好些人都抱着必死的心。

他们中有一个人带了表，最后有人提议熄了灯，每隔一段时间让那名矿工报一次时间，大家都休息，节省体力。时间在一分一秒的过去，人们的心也慢慢地被揪紧，但等到营救队到达时，他们竟然奇迹般地存活下来，只有一个人死了，就是那个报时间的矿工。

原来，开始他的确是准时报时间的，但是，当他发现了同伴们的异常后，他便开始了"虚报"，半小时他说15分钟，一小时他说半小时，两个小时他说一个小时……结果其他人都在信念的支撑下活了下来，而那个善良的矿工却被自己的心魔给逼死了。

信念是生命的源泉，在它的引领下，人生路上，又有什么能够与之抗衡呢？生活中，无论自己的处境多么糟糕，我们都要在心底保持一份信念，唯有这样我们才不会被困难所折服，命运才会对我们作出让步。

滴水穿石，是一种信念；愚公移山，是一种信念；绳锯木断，是一种信念。信念是浇灌花草的雨露，没有它，就只有枯黄的枝叶；信念是指引船只的航标，没有它，就只有随波逐流的孤舟。一个没有信念的人，就如行尸走肉，没有了支柱，没有了方向，又怎能走向成功？

信念是成功的基石。人们只有对所做的事情充满必胜的信念，才会采取积极的行动，才能走向辉煌。正如破仑希尔所说"一切的成功，一切的财富，一切的事业，都始于一个人坚定的信念"。为此，年轻人，让我们在浩淼的人生海洋中树起信念的大旗，带着它给予我们的无穷力量，迎着希望的朝霞，迈步前进。

074. 从容面对生活中的不如意

[成功密码]

　　人生的进程就像一次旅游——无穷无尽，沿途有着美丽的风景，也有高山、江河的阻隔。世间不如意之事常十之八九，在你的前方不知是一番怎样的场景。

　　赵朴初在遗作中写道："生亦欣然，死亦无憾。花落还开，水流不断。我兮何有，谁欤安息。明月清风，不劳牵挂。"人间冷暖常有，世事不平常存，何不放开胸怀，从容面对人生。

　　淡然宽怀看春秋，人生需要从容。路有升沉进退，人有悲欢离合。从容，才能走远路，不怕万水千山；从容，才能干大事，敢于倒海翻江，扭转乾坤；从容，才能临危不乱，举棋若定，化险为夷；从容，才能善待自己，善待生活，善待人生，善待生命。

　　云从容，才会有九天而落的雨；水从容，才一路逶迤，永不停息。从容面对人生旅途中各式各样的小插曲：或喜、或悲、或惊、或诧、或忧、或惧，花开花谢，沧来桑往，不以物喜，不以己悲。

　　在中国有这样一个故事：

　　战国时代，在长城外住了一位老翁。

　　有一天，老翁家里养的一匹马无缘无故走失了。在塞外，马是负重的主要工具，所以，邻居都来安慰他，这位老翁却很不在乎地说："这件事未必不是福气！"

　　过了几个月，走失的那匹马居然带了一匹胡人的骏马回家，这真正是赚了，邻居都来庆贺。这位老翁却说："这未必不是祸！"

　　几个月后，老翁的儿子骑这匹胡马摔断了大腿骨，邻居们佩服老翁的料事如神之余也赶来慰问,而这位老翁却毫不在意地说:"这倒未必不是福!"

事隔半年,胡人入侵,壮丁统统被征调当兵,战死沙场者十之八九,而老翁的儿子却因为摔断了一条腿免役而保住一命。

塞上老翁这种从容面对生活的平常心,带来了生活中的和谐。

历览古今,抱定"不以物喜,不以己悲"这样一种生活信念的人,最终都实现了人生的突围和超越。要想事业成功,年轻人更该如此。

从容是一种智慧,一种境界。它来自于心境的豁达与品质的笃定。生活中不要抱怨太多的曲折,大海如果失去了巨浪的翻滚,就失去雄浑;沙漠如果失去了飞沙的狂舞,就会失去壮观。当你走过风雨时,把自由的心灵放飞,让豁达宽容回归,从容地一路过去,鲜花的芳香就会在你的鼻边醉人地萦绕,华丽的彩蝶就会在你身边曼妙地起舞。

有一个男孩高中毕业后没有考上大学,被安排在本镇的一所小学里教书,结果,没到一个月就回家了。

母亲安慰她:"满肚子的东西,有的人倒得出来,有的人倒不出来。你不会教书不要紧,也许会有更适合的事情等着你去做。"

后来,这个男孩干过服务生,干过促销员,做过会计,但是无一例外都半途而废了。

然而,每次失败回家,母亲总是安慰他,从来没有抱怨的话。

40岁的时候,儿子做了聋哑学校的一名辅导员,后来又开办了一家残障学校,并且还在许多城市开办了残障人用品连锁店,有了自己的一片天地。

有一天,功成名就的儿子问母亲:"那些年我连连失败,自己都觉得前途非常渺茫,可你为什么总对我那么有信心呢?"

母亲的回答朴素而简单:"一块地,不适合种麦子,可以试试种豌豆;豌豆也种不好的话,可以种瓜果;瓜果也种不好的话,也许能种树木。终归会有一粒种子适合他,也总会有属于它的一片收成。"

是的,在成功的道路上,我们会失败,一时的失败并不代表什么,千万不要气馁，从容面对，多试几次，总有一粒种子适合我们。

涉步人生，既不戚戚于贫贱，又不汲汲于富贵，便自会有一份随心所遇的舒坦。酸甜苦辣都是生活的必需，被动接纳痛苦，不如主动放弃悲伤，积极迎取心灵的骄阳，人生无处不风光。

清幽岁月，面对人生，就让我们以闲看云卷云舒、花开花落的心境，用一颗平常的心坦然面对人生。

075. 把刮风当作梳理头发，把下雨当作洗浴身体

[成功密码]

心中充满快乐的思想，我们就能快快乐乐；想着悲惨的事，我们就会悲伤；心中满是恐惧的念头，我们必会害怕；怀着病态的思想，我们真的可能会生病；想着失败，则一定不可能成功；老是自怜的人，别人只会想法躲着他。

世界上只有两种人，一种是乐观的，一种是悲观的。乐观的人，无论生活中遭遇什么情况，都会微笑面对，坦然接受，因此生活往往幸福；而悲观的人，无论什么时候，总看到事情坏的一面，对一切充满消极的忧虑，整日生活在不安与忧郁之中。

成功学大师拿破仑·希尔说："积极的心态，就是心灵的健康和营养。这样的心灵能吸引财富、成功、快乐和身体的健康。消极的心态却是心灵的疾病和垃圾。这样的心灵不仅排斥财富、成功、快乐和健康，甚至会夺走生活中已有的一切。"积极的心态是成功的起点，是生命的阳光和雨露，是指导我们去发现美、发现生活意义的眼睛，而消极的心态是成功的终结者，是生命的腐蚀剂，选择了消极心态的人注定会陷入失败的沼泽。

记得卡耐基给他的学员讲了这样一个故事：三个石匠在一起雕刻石头，有人问他们："你们在这里做什么？"

第一位石匠回答说："我在雕凿石头，凿完这块石头我就可以回家了。"

第二位石匠回答："我在雕凿石头，你看我做的雕像，虽然很是辛苦，但是却收入颇高。"

第三位石匠手中仍旧拿着工具，热情地回答说："快来看看，我在做一件工艺品。"

卡耐基接着说："这三种人代表着三种不同的心态。"

不同的心态，造就了不同的结果，成就了不同的人生。心态像镜子，它可以让你美好的心灵展现得更加精彩，又可以让你丑陋的灵魂无处躲藏；心态像雨伞，它可以阻拦暴风骤雨对你的袭击，又可以妨碍阳光把你变得温暖；心态像利剑，它可以让你砍断前方的荆棘，又可以反刺你的心灵。

一个商人在谈到他成功的秘诀时，认为导致人们成功致富的要素不是资本，不是财富，不是关系，更不是那些看起来金光闪闪的东西，而是我们的内心。在我们内心中，积极的心态和肯定的价值观是导致人们致富成功的重要因素。美国联合保险公司董事长斯通指出：人们随身带着一个看不见的法宝，这个法宝的一边装饰着4个字——"积极心态"，另一边也装饰着4个字——"消极心态"。这个法宝有两种令人吃惊的力量，它有获得财富和成功的力量，也有排斥这些东西的力量。积极的心态是一种力量，可以使人攀登到顶峰，并且逗留在那里；消极的心态也是一种力量，可以使人在他们整个人生中都处于底层。当有些人已经达到顶峰的时候，正是消极的心态把他们从顶峰上拖了下来。

在困境中，乐观的人能看到希望，他们能用坚韧不拔的毅力支撑起一片天空，而悲观的人人生之路越走越窄。

曾经有两个人在沙漠中徒步旅行，不幸的是他们迷路了，水袋中只剩下最后半瓶水了。

其中有一人感到非常失望，说："怎么只剩下半瓶水了，看来我们是走不出了"，结果这个人渴死在茫茫沙漠中。另外一个人看到还剩半瓶水，高心地跳起来了，大声说："还有半瓶水，是多么美好的事情呀，我带着它一定能走出沙漠"。最后，经过几天的努力，他走出了沙漠，回到了家乡。

人生何处无风景，关键看保持一个什么样的心境。守住乐观的心境，"不以物喜，不以己悲"，我们就能看遍天下胜景，"览尽人间春色"。

美国成功学院对1000名世界知名成功人士的研究结果表明：积极的心态决定了成功的85%。心态决定命运，改变自己的心态，就能改变自己的世界。年轻人，让我们都调适好自己的心态，把刮风当作梳理头发，把下雨当作洗浴身体，拥抱积极的心态去创造属于自己的成功人生。

076. 激情与成功相约

[成功密码]

如何能让自己变得更加充满激情？问你自己喜欢做的是什么，然后尽快由不喜欢的部分转到喜欢的部分。表现出热情的样子，告诉别人你对它感兴趣的原因。

激情，是扬帆的风。激情，是燃烧的火。激情成就事业，激情创造未来。如果说事业如同一朵花，那么激情就是一汪清泉。阿米尔说："没有激情，人只不过是一种潜在的力量。就像火石，在它能够发出火星之前等待着铁的撞击。"歌德也说："我们的激情实际上像火中的凤凰一样，当老的被焚化时，新的又立刻在它的灰烬中出生。"

一项研究表明：人在有激情的情况下，做事效率与没有激情是完全不一样的。这就是说，激发你的潜能，当你有100%的能力的时候，激情能让你做到120%。激情是所有事业的助推器，没有激情，任何行为都不可能持续长久，激情能把人身上的全部潜能都调动出来。如果说热情是事业成功的基础，那么激情就能够成就伟业。激情比热情更长久、更有震撼力。

发明大王爱迪生的成功来源于他的激情。

爱迪生在研制白炽灯时，尝试了上千种材料，均告失败。有人嘲笑他："你永远不会成功。"爱迪生不为所动，他对这项研究充满了无限的激情，总能疯狂地投入到实验中去，废寝忘食地进行研究。终于，他成功研制出世界上第一枚电灯泡，给自然界带来了光明。

在爱迪生的所有发明中，遇到困难最多、耗费时间最长的是蓄电池。他一共花费了15年的时间才研制成功，在这个实验中先后失败了5万多次。当所有人都灰心丧气时，他还是孜孜不倦，他说："我想，'自然'它并不是无情的，它一定不会永远深藏着蓄电池的秘密。"终于，他成功了。

而蓄电池之所以能成功，他总结说："是我的激情成就了它。"

一个有激情的人，不论是工作还是生活，都是一种积极向上、乐观的心态；一个有激情的人，总是充满活力，对任何事都不知疲倦；一个有激情的人，面对苦难和失败，都会有办法去克服。

激情是一种心态，更是一种崇高的精神境界。它能改变山穷水尽疑无路的状况，让人看到柳暗花明又一村的希望。有激情才会有突破，有突破才会有成功。

美国有一个著名的保险推销员弗兰克·贝特格，在没做推销员之前，他曾是一名棒球运动员。

他的职业棒球生涯刚刚开始没多久，一次沉重的打击向他袭来。

1907年，他随宾州约翰斯顿队参加三州联赛，正要一展身手，然而却收到解雇书。

他要老板给他一个充分的理由。老板直言不讳地说："懒惰！你打球时有气无力，好像一个对打球无法再提起精神的老球员，我只能用'懒惰'一词来评价你。"他不服气地为自己寻找理由说："我在打球的时候紧张得要命，只想躲藏起来，但我保证不会再出现这种情况了。"但老板说："这里没有你的机会了，留下来只会束缚你的手脚。"

弗兰克离开这里之后，暗自下定决心："无论到了哪儿，都要拿出最好的精神状态,都必须有活力和激情。"

之后,他被推荐给康州的约黑文队。约黑文队没有一个人认识他,更没有人认知到他的懒惰。他发誓要在联赛当中激发自己全部的热情,而且说到办到。

从那以后,他觉得身上仿佛有使不完的劲。他掷出去的球又快又有力,好几次差点击落接球队员的手套。

最令他惊喜的是,他的参赛相片竟赫然刊登在第二天早晨的报纸上,旁边的附文写着:"这个小伙子用勃勃激情感染了所有球员。他们不仅战胜了对手,而且表现得比以前参加任何一场比赛都好。"文中还送给他一个绰号——"锋芒",并把球队"灵魂"的桂冠戴到他的头上。两年后,一次骨折为贝特格的棒球职业判了死刑。他离开棒球场回到家乡费城,找到了一份向分期付款买家具的家庭收款的工作,每天骑着自行车到客户家,日薪只有一美元。不知不觉当中沉闷的两年过去了,贝特格在一家人寿保险公司找到了一份推销人寿保险的工作。他感到的是一生中最难熬的漫长、失望、沮丧和物质方面的匮乏10个月之后,他不得不重新询问自己是否适合当一名寿险推销员,答案是"否"。

当时戴尔·卡耐基开办演讲培训班,贝特格接受了他的培训。一次他进行演讲时,卡耐基先生打断了他的话,说道:"请等一等,贝特格先生,你的演讲怎么没有一点儿激情呢?你要知道毫无生气的演讲是不会有人欣赏的。"卡耐基先生用鼓动的口气给贝特格阐释激情的含义。他越来越激动,最后竟操起一把椅子狠狠地摔向地面,椅子顿时变得粉碎。

历史上许多巨变和奇迹,不论是社会、经济,还是文学、艺术,都因为参与者抱以满怀的激情才得以进行的。凭借激情,我们可以释放强大的能量;凭借激情,我们可以使自己充满活力;凭借激情我们可以让枯燥乏味的工作变得更为生动有趣。

生命之灯因激情而点燃,生命之舟因拼搏而前行。让我们点燃生命之灯,拼搏前行,与成功相约。

077. 抬头做人，低头做事

[成功密码]

挺起胸膛，放远目光，弯下身板踏实做事，要想取得成功，道理就是如此简单。

网络上有人戏称，成事者都有"水鸭子"的做事方式：水鸭子在水中总是高高地仰着头，一副傲视一切的样子，这是一种气势。这并不意味着水鸭子就停止了前进，它的脚在水下拼命地划着，快速地向前行进。用通俗的话说，就是抬头做人，低头做事。

抬头做人，就是告诉我们，要有追求、有目标，要往高处走。具体到工作中，就是要不断给自己设定一个工作目标，激发自己不断向前，实现自己的人生追求。同时，也是让我们抬起头来，将眼光放远，这样才能够憧憬未来，放飞自己的思想；望远，才能够紧盯理想之光，坚定自己的人生信念和目标，才不至于被眼前一时的困难所吓倒，被一时的不快乐、痛苦所阻碍；也只有望远，才能够激发我们的前进动力，才能让我们积极进取，追求卓越。

低头做事，就是让我们脚踏实地，扎扎实实，一步一个脚印；也是说我们要循序渐进，一步步让自己不断前进，直达高峰；同时，也是让我们遵从规律，不做拔苗助长的傻事，也不拖延，养成"今日事，今日毕"的习惯。

低头做事，其实是告诉我们一种做事的态度。因为只有认认真真地低着头做事，才能够全神贯注，也只有踏踏实实地低头做事，才能心无旁骛地将事情做好。低头做事，就是冷静地用脑做事，低调做事，专心致志地从小事出发，做好手头的每一件事。

抬头做人，低头做事，是成就大事的必备素质，也是处于人生起步阶段的年轻人要历练的一种素质。很多普通的人，也正是遵循这样的处世方式，最终才取得了惊人的成就。

列文虎克是荷兰一名小镇政府的守门员，守门的工作是极为枯燥乏味的，但是，他在这个岗位上却能够兢兢业业，最终打磨出了显微镜，具有极大的意义！

列文虎克是农民出身，但是从小他就有着远大的人生目标，就是要发明一种能看到微小物体的镜片。后来，他成了一名守门员，在普通的岗位上，他仍旧没有忘记自己的人生理想。在工作中，他一不打扑克，二不泡咖啡馆，也不喝酒聊天，而是充分利用业余时间去打磨镜片。虽然打磨镜片既费时又费精力，但是他却乐此不疲，兴趣盎然，就在这日复一日的从不间断中，一直打磨了60年，他磨出的复合镜片的放大倍数超过了当时专业技师的产品。凭借着他自己打磨出的镜片，他又潜心研究，终于发明出了显微镜，最终揭开了当时科技领域尚未知晓的微生物世界的神秘面纱。凭借着这项伟大发明，他被授予巴黎科学院院士，最终声名大振。

由此可见，"抬头做人，低头做事"是普通人改变命运、走向卓越的重要法则。所以，处于人生起步阶段的我们，一定要抬头做人，拥有高远的眼界、目标，心中装着这个目标，低下头来，踏踏实实，兢兢业业，才能最终达到人生的顶峰。

人只要能抬起头来，就会不自觉地环顾左右，拓宽自己的眼界，才能让自己知道，世界是宏大的。在这个宏大的世界中，不只是自己，还有别人，须与他人共同携起手来，才能更好、更愉快地在世间生活。要知道，自己的对手无处不在，只有努力，才不至于落后。

同样，人也只有在做事的时候，低下头来，才能专心致志，才能从细微之处做好每一件事情，才能在平凡之中取得惊人的成就。

第十章

培养良好习惯

——良好习惯是成功的"基石"

078. 如何平衡工作与生活

[成功密码]

享受平衡的生活，留一点空闲给工作以外的事，对每一个人都是非常重要的。这样做，不但使人感觉生活更幸福美满，而且也一定会令人在工作时精力更充沛、精神更集中，并更具效率。

只知道疯狂地工作而不懂得适时地休息，会让自己的脑筋打上结，变得越来越迟钝。身体健康与精神健康是息息相关的，一旦你的身体健康出了问题，你的脑筋也会跟着打结了。但凡在事业上有所成就的人，绝不会终日埋头苦干，也不会总是忙忙碌碌，每天也不会跟时间进行激烈的赛跑。

不要把工作当做是一种任务，你可以把它当做是生活的一部分，有时候无聊了可以想想工作。工作压力大时，可以出去走走，放松下心情感受一下生活中的美好。

①不要过多地预先安排

对于人们来说，在一个工作日塞进尽可能多的工作是不正常的。关键是：事情的发展往往不是按照预先的安排。这意味着大量的时间浪费在不能履行的约会、不会回复的电话以及其他不会发生的事情上。不要尝试计划做太多的事情，假定你今天打算做的事情只有50%能够完成，如果你不这样做，你仅仅会把有价值的时间浪费在寻找事情为什么没有发生的原因上。

②分清主次

高效利用时间的秘密是清楚地知道哪些事情是重要的，哪些事情是可以暂缓的。但是关键是把最锋利的刀刃用在发现事物的本质上。学会提问，可以帮助你确定事情的紧急程度，在谈判之前，要有足够长的考虑时间，不要落入"即时回答"的陷阱。把所有事情都置于最高的优先级别只能耗尽你的精力。

③制定计划

反思你一周之内做的每一件事情，包括工作相关的和工作无关的活动。决定什么是最重要的，什么是你最满意的。删除你不喜欢的活动，任何时候都不要内疚。如果你没有做出某些决定的权利，和你上级或者监护人商谈。

④利用选择权

弹性的工作环境也许能够减轻你的压力，同时可以释放你的一些时间。远程协作、分享工作、可伸缩的工作时间或者一个压缩的工作周，都是潜在的选择。

⑤管理时间

有计划地完成你的家务事，一次出行完成所有的跑腿任务，是你能够节省时间，获得更大乐趣的两个方法。同样地，尝试制定一个包括重要日期的家庭日历、一个需要做的事情的每日清单，这会帮助你避免面临最后期限时的手忙脚乱。并且，如果你的老板提供一个关于时间管理的课程，不要放过。

⑥学会说不

高效时间管理的一个关键方面是，意识到你不必同意所有的事情，答应所有的人。以你自己的标准，利用你的权利鉴别哪些事情是不值得你花费时间的。你应该学会，对一件事情说不的同时，对一些其他的事情保留说是的余地。做到这些，意味着你可以暂时把桌子上的东西清理掉，小憩一下。

⑦合理组织

安排好你的时间，不仅仅是一个时间表的问题。如何操作将具有决定性的意义。这意味着你要把每一个元素都尽可能地组织成一个顺畅的工作流程。在你的事务里，每一件事情都按照逻辑进行系统的设置，因此，任何人需要任何东西的时候，都可以很快地找到它。排除混乱，将会为你每年节省240小时到288个小时，这是一个美妙的礼物。

⑧利用技术

尽管个人习惯和经验可以在时间管理方面获得成效，但请不要忽视技术因素。在你的日常工作中，你可以把技术作为另一种武器，充分利用它能让你获得最高的效率。比如，一些软件可以帮助你整理大量的用户和产品细节，允许你方便快捷地存取。Sticky Notes（即时贴，就是记录直接附着于三维模型的详细设计信息的"即时贴（Sticky Notes）"。通过它们来共享与设计以及设计与决策有关的详细信息，比如说某个设计修改的原因及日期）是这个世界上最糟糕的东西之一。你应该依靠你自己的数据库，这样做什么事情都不会忘记。

⑨不要过分依赖

然而，许多人出于恐惧而对使用技术小心翼翼，他们对此保持了太多的接触——因而他们的时间往往被恼人的电子邮件和电话呼叫消磨掉了。高效时间管理的一部分，就是知道什么时候关掉它们。关掉一部移动电话或其他无线设备，意味着在沟通中划清界限。简单地说，它帮助你在你的个人时间和专业时间中取得平衡。

⑩慢下来

生命过于短暂，所以不要让一些事情匆匆而过。停下脚步，享受你身边的事，感受你的家人。抛却一切，每周都有一个晚上尽情娱乐；每一天都要有自己的时间，可以看一部电视剧，或者听听莫扎特；并且，每个周日都安排家务劳动，以此享受周末的自由。

⑪不要拘泥小事

有一种共同的压力，感觉起来就像失去你的控制。让它见鬼去吧！虽然说起来容易做起来难，但是要学着暂时忽略一些事情。比如说，盘子不用每天都刷，屋子不用每周都一尘不染。要学着去意识到一些事情不会对你的生活造成冲击，允许你自己让它们随遇而安——而不要逼着自己非做不可。

⑫不要总是追求完美

尽力做好就可以，时间管理不是一门精确的科学。不要因为纠缠于每一秒而过分劳累，并在过程中浪费时间。停止追求完美吧！生命中几乎没有事情必须要做到完美。做你能做的事情，并且享受过程，将会更有乐趣，更能提高生产力。因为事情顺利的发展而欢欣，因为出现错误而从中汲取经验。把它们看作电影中的场景，而你将从中获得益处。

⑬获得足够的睡眠

在睡眠不足的情况下工作，没有比这更沉重、更具危险性了。不仅仅是你的生产力受到影响，而且你会招致灾难性的错误。或许，到那时你要工作更多的时间以弥补那些错误。

⑭依靠你的支持系统

在压力沉重、艰难困苦的时候，与你可信赖的朋友或大学同窗进行交谈，是给自己的一份礼物。只要确定，你有可信赖的朋友和亲人在你加班工作或出差的时候，他们能帮助你。

⑮获得专业的帮助

每个人都会不时地需要帮助。如果你感到你的生活过于混乱而无法管理，并且为此苦恼，和专家进行交谈，比如你的医生、心理学家或顾问，他们会给你专业的建议。

最后，最关键的词是平衡。你需要发现工作中的平衡点。成功固然值得喝彩，但失败也不要丧失斗志。生命是一个过程，同样是一个为生活的平衡奋斗的过程。

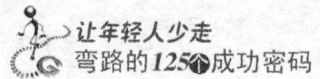

079. 从"小"事做起

[成功密码]

不要因为嫌事情轻微,就不愿做出最佳表现。事实上,完成任何一件事,都能使人更强壮。能把小事做好,做大事也不会有什么问题。一个不注意小事情的人,永远不会成就大事业。

泰山不拒细壤,故能成其高;江海不择细流,故能就其深。细节是成功的基石,所以年轻人要想获得成功,首先要注重细节,甘于从小事做起。

俗话说得好:"一屋不扫,何以扫天下?"现实生活中,许多年轻人,经常会陷入这样一个误区:焦急地想被委以重任,做大成就、干大事业,而觉得做一些无关紧要的事情是浪费自己的才华是不必要的。然而,事实是只有抓住人生的细节,从小事做起,成功的路上才有前进的动力、希望的指明灯。一切伟大的事业都是从小事开始的,再宏大的高楼大厦都是由一粒粒的细沙装建而成的。

爱因斯坦的天赋造就了相对论,这无人否认。但当人们翻开他厚重的的手稿时,发现那儿并没有复杂的微积分,没有精致的三段论,只有上万次看似普通的计算、推理和证明。

每一次的计算、推理或证明本身很微小,但正是这些微小的细节促成了人类科学史上的一次次突破和飞跃。没有对细节孜孜以求的探究,爱因斯坦何来成功?人类对大自然的认识又怎能进步呢?

抓住细节,你就获得了成功的机会;解剖细节,你就汲取了生命的养料;失去了细节就别想得到永恒。

成功在细节里播种开花。一个人的才能和经验都是从基层的各种细节工作做起的。只有脚踏实地，一点一滴不断积累，才能一步一步地迈向成功。

车尔尼雪夫斯基说："美即生活。"也就是说，美是由生活中的点滴构成的，细节是美的源泉。细节是堆砌金字塔的一块块方石，让一木一石现出光彩；细节是时间的圣使，使飘逝的化为永恒。把握细节，演绎细节，才能把握人生和命运。要知道工作中没有小事。点石成金，滴水成河，只有认真对待工作中的每个细节，才能为事业增砖添瓦，抑或成为成功的点睛之笔。

日本一家著名的牙刷公司的员工加藤信三就是一个活生生的例子。有一次，加藤起床晚了，为了赶去上班，刷牙时急急忙忙，没想到牙龈出血。他为此大为恼火。

赶到公司，加藤因为此事还是闷闷不乐。为了平息心中的怒气，他相约几个要好的同事一同设法解决刷牙容易伤及牙龈的问题。

工作中，他们乐此不疲，提出了不少可能避免刷牙时造成牙龈出血的方法，如把牙刷毛改为柔软的狸毛；刷牙前先用热水把牙刷泡软；多用些牙膏；放慢刷牙速度；等等，但效果均不太理想。

后来经过无数次的实验，他们在放大镜底下，发现刷毛顶端并不是尖的，而是四方形的。加藤想："把它改成圆形的不就行了！"

于是他们着手改进牙刷。经过实验，效果不错。加藤正式向公司提出了改变牙刷毛形状的建议，公司领导看后，大加赞赏，觉得是一个很不错的主意，欣然接受了加藤信三的建议。牙刷毛顶端为圆形的牙刷在广告媒介的推动下，销路极好，公司收益急速上涨。加藤也荣升为部门经理，十几年后成为公司的董事长。

小事，体现智慧；小事，决定成败；小事，改变命运。牙刷不好用，再平常不过了，所以很少有人想办法去解决这个问题，机遇也就在蹉跎中悄无声息地溜走了。而加藤不仅发现了这个小问题，而且对小问题进行细致地分析，在工作中铸就了自己的辉煌。

天下难事，必做于易；天下大事，必做于细。不厌其烦地拾起细碎的石块，日积月累构筑起来的却是高耸雄伟的城堡。成功从来都不是一蹴而就的，成功需要积累。成大事者不仅有胸怀"扫天下"的壮志，还有"扫一室"的耐心。相反，那些看不到细节、对琐事不屑一顾的人往往对工作缺乏认真的态度，敷衍了事。这种人无法把工作当做一种乐趣，而只是当做一种不得不接受的苦役，因而在工作中缺乏热情。成功对于他们而言，是等待一个天上掉馅饼的机会。

成功是人人向往的，但不是人人都能做到的。在前行的道路上，不乏志存高远、胸怀大志的人。但不幸的是，每一项工作都是由一些平凡而琐碎的小事构成，愿你把生活中的每件小事做得都像珍珠一样精致，像麦穗一样饱满，像山峦一样高大……一滴滴，一步步，让人生的列车最终驶向最美的风景地。

080．感到疲劳之前先休息

[成功密码]

防止疲劳和忧虑的第一条规则是：经常休息，在你感到疲劳以前就休息。

爱迪生认为，"他无穷的精力和耐力，都来自他能随时想睡就睡的习惯"；亨利·福特过80大寿时说："我能坐下的时候绝不站着，能躺下的时候绝不坐着。"牛津大学沃克教授指出："一般来说，保持健康最重要的方法就是使你本人充满活力，而保持充沛的活力的方法则在于防止疲劳，防止疲劳最重要的方法则是休息。的确，休息能够让你在清醒的时候做更多有效率的事。"

人不是永不停歇的机器，而如今大多数年轻人面对竞争激烈，工作难度、强度加大的的职场，常常陷入疲惫状态，使得工作效率大大降低。面对这种情况，卡耐基告诉我们，休息是善待自己的最好方法。

素有"科学管理之父"之称的泰罗通过一系列试验发现，疲劳因素对劳动生产率有至关重要的影响。得到合理休息的工人的劳动效率明显得到提高。

他曾对一家钢铁公司的员工产生疲劳的因素，做了一次科学性的研究，认为工人不应该每天只能往货车上装12.5吨的生铁，而是装47吨，而且不会疲劳。

为了证明这一点，泰罗选施密德先生来做试验，让他按照马表的规定时间来工作。有一个人站在一边拿着一只马表来指挥施密德："现在拿起一块生铁，走……现在坐下来休息……现在走……现在休息。"

结果怎样呢？别的人每天只能装12.5吨生铁，施密德却能装47吨，而且在3年里，施密德的工作能力从来没有降低过。

他之所以能够如此，是因为他在疲劳之前就得到了休息：每个小时他大约工作26分钟，休息34分钟，休息的时间比工作时间还多，工作成绩却差不多是其他人的4倍。

由此可知，疲劳前的休息，就如同是清凉的浪花，会把你头脑中的一切污浊荡涤干净，从而做更多效率的事。正如丹尼尔·何西林在《为什么要疲倦》一书中写道："休息并不是绝对什么事情都不做；休息就是修补。"短暂的休息，就如同花儿吸吮了充足的阳光，保持生机，充满活力。

在第二次大战期间，丘吉尔已经60多岁了，却能够每天工作16个小时，长年指挥作战，实在是一件很了不起的事情。

他的秘诀在哪里？他每天早晨在床上工作到11点，看报告、口述命令、打电话，甚至举行很重要的会议。吃过午饭以后，上床睡1个小时。到了晚上，在8点钟吃饭以前，他要上床睡两个钟点。

他说："这并不是要消除疲劳，因为事先就防止了。正因为我经常休息，所以我才可以很有精神一直工作到半夜之后，这就是我为什么到了这

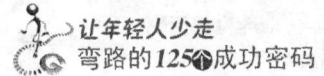

个年纪还能精力充沛的原因。"

疲劳的人容易心情忧虑。任何一位略懂医学常识的人都知道，疲劳会降低身体免疫力，而任何一位心理学家也会告诉你，疲劳同样会降低你对忧虑和恐惧等感觉的抵抗力。

在如今竞争日益加大的社会，休息不好必定工作不好。因此年轻人想要保持生机勃勃、精力充沛，永不感到劳累的秘密就是常常休息，在你感到疲劳之前先休息。

081. 让自己去适应环境

[成功密码]

很多人认为只要他们能够换个好环境，或换个工作就会感受到快乐些。其实，那也未必，倒个如现在就想法快乐起来，不要拖到未来。

职场是一个全新的环境，对于刚刚脱离学校的新人们来说，面对全新的环境时显得手足无措，总是在抱怨自己的生存环境，却没有想过主动去适应它。

空旷的原野上绽放了一朵绚丽的杜鹃花，有一天它突然醒来发现在它的身边没有一朵和它相似的花，只有望不到边的野草。

杜鹃花开始埋怨起来，为什么没有和群花一起绽放在花园里？为什么会生活在荒无人烟的草地上？它想这广阔的原野并不是它的家园，可怜的它出生在了一个错误的环境中。

任凭小草们如何安慰、劝解，这朵孤零零的杜鹃花总是不停地抱怨，幻想着有一天会有一位善良的王子将它带走。

很多个日子过去了，并没有什么人经过，更别提它的王子了。它的美丽完全无人欣赏，更加忧伤了，红艳的花朵开始枯萎。

不久，只有一株残茎在风中飘摇着……

而小草们汲取日月精华，茁壮成长，原野上一片生机。

一天，一群牧童无意中经过这里，发现了这片美丽旺盛的小草，牧童惊喜不已，立刻奔了过去，在它们身上嬉戏玩耍，临走时，几个牧童还挖了几株带回了家。

杜鹃花不懂得适应环境，开得再鲜艳，它那美丽撩人的模样也无法展现给它的王子，最终沦为失败者。小草虽身处逆境，但逆流而上，从不抱怨，才会有角逐天下，站在世界巅峰的机会。

其实每个人都希望别人或是周围的环境来适应自己，但是谁都知道这是不可能的事。如果环境不利于你们，便强行让外界适应你们的话，可能会花费巨大的代价，而且还不一定能取得成功。与其希望别人或是周围的环境来适应自己，不如主动去适应别人和周围的环境。这样往往更可行，更容易实现。

卡耐基讲过这样一个故事：

有两个刚刚毕业的年轻人同时来到了一家广告公司工作。一个年轻人在还没有去公司前就把这个公司的一切查了一下，了解了这个公司的历史，发展状况，及其发展潜力。进入公司以后他就主动积极地去适应新的工作环境，积极与同事交流，什么活动都去参加、了解。很快他就融入了这个公司，成为了这个公司真正的一员，和同事们相处得很好。

而另一个年轻人在进入公司之前，对公司什么都不了解，进入公司之后也不去主动了解，不去主动适应新的工作环境，而是让新的工作环境来适应他，跟同事们也不积极主动去交流，有人找他他就同别人说，没有人找他，他就一个人，来了公司很久了却没有一个朋友。就这样过了一年，公司碰到了金融危机需要裁员，毫无疑问他就成了裁员中的一员，而另一个年轻人却留了下来，多年以后另一个年轻人成了公司的经理，他却还在为工作而烦恼。

每处于一个新的环境，不是让新的环境适应，而要让自己去主动积极地适应新的环境，顺势而为，成为新环境的主人，否则沦为环境的"奴隶"。

顺心如意的生活、工作环境人人向往，但能如愿以偿的人确是很少。可见，我们大部分人都是在不太如意的环境中去求得生存立足之地。

082. 快速融入新的职业环境

[成功密码]

　　蜕掉稚嫩的羽毛由学校走向职场，每个人都会面临自己的"第一次"，陌生的面孔、全新的环境经常让人感到困惑，不知如何去融入新的环境。

作为职场新人，职场是你成就事业的基础，如何快速融入新的职业环境，往往成为年轻人踏入职场的第一课。快速融入新的职业环境，是你从职场新人到企业精英转变的重要阶段。能否快速融入新的职业环境，是决定你能否更快攀上职业高峰的重要因素。

如果你得到一份新工作或新职位，满怀期待走马上任，却发现"水土不服"，难以适应新的工作环境，也无法发挥实力，这个时候该怎么办？下面一些建议可以让你拥有一个良好的开始。

①调整心态，进行职业角色转换

当你刚刚开始职业生涯时，一般要经历一个适应时期。从不适应职业生涯，到基本适应职业生涯，就是社会角色的转换过程。

要学会在职业生涯中不断开拓进取，克服所遇到的矛盾和困难，首先要认知你的"角色"，而这种认知在职业生涯规划期和步入职业生涯开发期的交替中尤为重要。

②熟悉工作环境

刚进入职场，人们由于刚刚进入一个陌生的环境，常常有手忙脚乱、不知所措的感觉。要解决这个问题，就必须解决以下几个问题，然后进行统筹安排。

③理解公司的企业文化

进入新的环境，首先要用谦卑的心态，快速地了解公司的文化。一个公司的企业文化一般指在企业中长期形成的共同理想、基本价值观、作风、生活习惯和行为规范的总称，包含价值观、最高目标、行为准则、管理制度、道德风尚等内容。它以全体员工为工作对象，通过宣传、教育、培训和文化娱乐、交心联谊等方式，以最大限度地统一员工意志，规范员工行为，凝聚员工力量，为企业总目标服务。了解公司的文化可以通过与公司员工及相关的人员（客户，同行等）交流了解；查看公司的文件资料，企业的过去、现在和将来发展的方向；市场调查或客户及使用等反馈了解。

④领会公司的规章制度

进入公司后，你了解了公司的规章制度，还需要领会：哪些规章制度必须严格遵守？哪些不是？公司里不成文的规章制度又是什么？如果你不在意的话，这些会使你在日后的工作中"碰钉子"，并且你永远意识不到你是在犯错误。

了解了公司的文化、领略了公司的规章制度以后，接下来你就应该了解自己的工作性质了。这样才有利于你更快地融入新的职业环境。

⑤尽快熟悉本职工作

一个优秀的员工，需要尽快熟悉自己工作的职责与处理流程，使自己更好地进入状态。

⑥提高工作技能

尽快学习业务知识，提高自己的工作技能。有丰富的知识积累才能出色地完成公司交办的工作。只有学校的知识是远远不够的，最重要的是工作经验、实践经验。

某大型外企招聘了几位硕士生和博士生，满以为在工作能力等方面会大大超过以前招聘的大学本科生，给公司注入新的活力，使之出现一个空前的飞跃。但是经过一段时间的实践检验，并不都尽如人意。这些研究生总想着一举成就大业，一鸣惊人，认为自己是高才生，比别人什么都懂，而不加强平日的业务学习和技能培养。

融入新环境，进入一个新的角色，你还需要一个挑战：融入同事关系，做到这些相信你很快就会被新的集体所接纳，成为其中不可或缺的一分子。

⑦融入同事关系

经过激烈的拼杀，当你满怀喜悦迈入职场的时候，可千万别忘了自己还是"职场菜鸟"，要想成功融入社会、融入职场，就必须处理好与同事之间的关系。那么如何尽快地融入同事当中呢？

⑧团结协作，彼此尊重

刚到一个新单位，"人和"最重要，与新同事的共处应该注意彼此尊重、配合，成为相互合作的伙伴。只有做到了这一点，你才能得到更好地施展你的才华的机会，在竞争中求得发展。

⑨多为同事们服务

走上工作岗位，最好是抱着"服务"的心态进入新环境，谦虚主动地帮助同事和其他人，尽早取得他们的信任和支持。这样在自己需要帮助时，也能得到别人的帮助。

⑩充分尊重对方的内心秘密或隐私

每个同事都有自己不希望为别人所知道的隐私，即使是最要好的朋友，也有不该知道的私事。

⑪积极参加集体活动

工作之余，积极参加集体活动，不仅能让你获得更多的快乐和放松，舒缓内心的压力，更有助于培养一个和谐的人际关系。

⑫说话要有分寸

因为大家都不是很熟悉，所以说话的时候必须注意分寸，不能信口开河，在每说一句话之前，都要先考虑一下是否合适。不同的场合，对不同的人，有很多话是不能随意说的，否则可能会带给你想不到的麻烦。

⑬在待人接物的过程中让别人信任你

一件事情成功的关键主要取决于办事者待人处世的态度。一个合格的员工对人的态度必须诚恳、和蔼可亲，这样，才能运用循循善诱的高超说服能力赢得别人的赞同，才能较容易地促使事情的成功。

作为职场新人一方面要切忌"傲气"，另一方面也要避免过于"谦卑"，应注意不要过于随便。

⑭要有责任心

大多年轻人具有执行力强、工作有冲劲，但个性张扬、缺乏责任感的特征。因此，年轻人应适当收敛自己的个性，多一份责任心，将会更快得到企业和同事、领导的认可。

美国福特汽车公司创始人福特先生年轻时曾有过这样一段经历：他在一所普通大学毕业后到处奔波求职，有家公司招聘员工，他前去应聘。在过面试这一关时，他走进考场无意中发现地上有一张废纸，就很自然地弯腰捡起来扔进纸篓里，然后才就座应试。而正是这样一件举手之劳的小事，却展示了他的良好素质，赢得了领导的好感，使之舍弃前面几位应聘的名牌大学毕业生而破格录用了他。

福特的成功很好地印证了一个具有责任心的人是很容易获得领导认可和接纳的。遇到大事谁都会认真处理、谨慎对待。有的时候责任心却体现在工作琐碎的小事上。很多新人往往忽略这一点，对此不屑一顾，对于职场新人做每件工作、每一件事情，都是在向上司或同事展示自己学识和价值。只有做好每件事，才能真正赢得信任。

总之，对于职场新人来说，在工作中出现各种不适应是必然的，如果能够正视这种现实，同时以积极的态度和行动对待，那么，大多数人一定可以摆脱困境，并从职业工作中得到无限的乐趣和享受。

083. "假装"喜欢自己的工作

[成功密码]

如果你表现得"好像"对自己的工作感兴趣，那一点表现就会使你的兴趣变得真实，还会减少你的疲惫、你的紧张，以及你的忧虑。

每个年轻人也许都有过这样的感受：能做自己喜欢的事情的人是最幸运的人。那是因为，当我们做自己感兴趣的事情时，很少会感觉到疲倦。

卡耐基曾举过一个例子：

空余时间，他喜欢去落基山的路易斯湖畔度假，在克莱尔小溪附近钓好几天的鱼。为此，他要穿过比他还高的丛林，爬过横躺在地的大原木，需要大约8个小时才能到达目的地。人们感到好奇，就问他，为什么要去那么远的地方去钓鱼？

卡耐基回答说："因为我非常喜欢去那个地方钓鱼，即使要走8小时的路程，我也不会感到疲惫。"

是的，如果卡耐基讨厌钓鱼的话，他一定会在如此高海拔的山上奔波而累垮，可是因为他喜欢，所以他不知疲劳，乐在其中。现实生活中，很多时候，多数年轻人并没能获得自己喜欢的工作，而蹉跎岁月，倒不如跟自己来一个"假装"游戏，试着让自己喜欢工作，这样你就能从工作中获得意想不到的成功。

卡耐基曾讲过这样一个故事：

第十章 培养良好习惯
——良好习惯是成功的"基石"

有一个叫维莉·哥顿的打字员,她发现"假装"喜欢自己的工作很有意思,自己还从中得到很多意想不到的回报。

一天,一个部门的副经理把一封很长的信交给维莉·哥顿,要求重新打一遍。维莉·哥顿非常生气。她说:"这封信只要改一改就可以了,没有必要重打。"

部门经理回答道:"要是你不愿意重新打的话,我就找愿意打的人重打。"

后来,维莉·哥顿还是压住气把信接过来重打了。接过信,维莉·哥顿重新审视这封信。她的思维发生了变化,她想:很多人可能都会跳起来抓住机会来做她现在做的事情。因为,老板支付给我的薪水也就是要我做好这份工作。这样一想,她心里好受多了。于是,她就下决心,哪怕我不喜欢这份工作,也要假装喜欢它的样子。

然后,她就发现,要是她真的"假装"喜欢了她的工作,她就真的喜欢到一定的程度。后来,她发现,即使她不用加班,也能完成工作,但这在过去是很不可思议的。

由于这种转变,领导一致认为她是一个乐于工作的好员工,最终给她加了薪、升了职。

通过卡耐基讲述的这个故事,我们明白了当我们不喜欢自己的工作时,何不运用汉斯·维辛吉教授的"假装"哲学,从而使自己喜欢自己的工作,工作效率就会大大提高。

一位哲人这样说:"快乐的秘诀,不是做自己喜欢的事,而是去喜欢自己做的事。喜欢自己做的事,如果你喜欢自己的工作,即使工作的时间很长,但你却丝毫不会觉得是在工作,而是在做游戏。"喜欢自己做的事,是一个人成就大事业、建立大功勋的基石。工作中如果你"假装"对自己的工作发生兴趣,这一点点的假装就慢慢使你的兴趣成真。自然而然,你就会尽力去做,就会有激情,就会创新,就会有成功,就会感到快乐。正如威廉·詹姆斯所说:"'假装'勇敢,我们就会勇敢;'假装'快乐,我们就会快乐。"

084. 带着乐趣去工作

[成功密码]

不断地提醒自己，工作可使你享受双倍的人生乐趣，因为你有一半清醒的时间都在工作，如果你在工作中找不到乐趣，那么你在别的地方多半也找不到。常常想到投入工作会令你无心烦恼，做久了，还有可能会获得晋升或加薪。即使不能得到晋升或加薪，但有正确的想法才能将倦怠减至最低，帮助你好好享受休闲的时间。

曾经看到这样一首诗：

我，创造了财富。

我，是幸福的源泉。

我，是穷人唯一的依靠。

富人如果离开了我，必然百无聊赖，过早走向坟墓。

我，创造了国家。我，开创了惊世的工业，铺设了无双的铁路，修建了冲天的高档楼。我，穿越大陆的列车，横跨大洋的轮船。

我，是杰出青年的朋友，一旦结识了我，并与我共度余生，我将给予他们一切，比任何最富有的父母都多。毕业与我并肩工作的人将得到永生，因为他们在我的帮助下创造的一切在他们故后仍然继续。

有了我，身体健康，头脑清醒；缺了我，灵魂和身躯必瘫肿迟钝。

有了我，生活充满欢乐；缺了我，生活乏之情趣。

我，养育了天才。愚人憎恨我，智者热爱我。谁在躲避我，谁敢嘲笑我。

我是谁？

我是什么？

第十章　培养良好习惯
——良好习惯是成功的"基石"

我就是——工作。

工作是我们一生必须去做的事，是我们实现理想的必经之路。工作不仅仅意味着付出，更孕育着收获，收获一份来自灵魂深处的乐趣。如果你在工作中感受不到乐趣，那么你的人生真的就失去了很多。

一位著名作家在一篇文章《为自己减刑》中写道：

"我见到过一位年轻的公共汽车售票员，一眼就可以看出他非常不喜欢这个职业，懒洋洋地招呼，爱答不理地售票，时不时抬手看着手表，然后满目无聊地看着窗外。我想，这辆公共汽车就是他的监狱，他却不知刑期多久。"

如果把工作当成是一种负担，视工作如鸡肋，那么，什么时候都不会有工作的乐趣，逐渐就会变成工作的奴隶，更谈不上干好工作了。现实生活中，大多数年轻人每天不是努力工作，而是迫于应付，心里总有种："熬过一天是一天"的心态，到最后一事无成。那么年轻人为什么不转变一下思路，带着乐趣去工作呢？

在俄克拉荷马州托沙城的一家石油公司有一个小职员，她每天的工作就是在一份已经印好的有关石油销售的报表上，填上各种统计数字，虽然简单，却很没意思。小职员总感觉自己是在做一件最枯燥的工作，但为了提高自己的工作效率，她想出了一个好办法，使这件枯燥的工作变成一件很有趣的事情。

她决定，每天跟自己竞赛。早上的时候，她先点出需要填的报表的数量，然后尽量让自己在下午打破这些记录，然后再看看每天填了多少报表，第二天再想办法打破这一天的记录。结果，跟自己的同事相比，她打字的速度快了很多，很快就把这些枯燥的报表填完了。即使她没有得到上司的夸奖和赞美，也没有人感激她，但她感觉这再也不是一件没有意义的事，而是干得有声有色，每天都能超额完成任务，使得每天的心情都很愉快。

卡耐基曾说："把没有意思的工作很有意思地完成。"当一个人用工作去迎接光明，光明很快就会来照耀着他，带着乐趣上路，把工作当做一种创造性活动，看做是一种自我满足、一种艺术创作，全身心地投入，任何人都能从中获得乐趣，从此走上快乐的工作之路，人生从此充满阳光！

085．让热忱为效率服务

[成功密码]

热忱是成功的动力。没有了热忱，你的勇力再大也发挥不了。熊熊的热忱，凭着切实有用的知识与坚韧不拔，是最常造就成功的品性，一个人几乎可以在任何他怀有无限热忱的事情上成功。

卡耐基办公桌上的一块牌子上写着这样一句座右铭：

"你有信仰就年轻，疑惑就年老；有自信就年轻，畏惧就年老；有希望就年轻，绝望就年老；岁月使你皮肤起皱，但是失去了热忱，就损失了灵魂。"

热忱是成功的源泉；热忱是一股伟大的力量。它可以补充你的精力，不断地为你充电，并形成一种坚强的个性，激发你的潜能，让你充分发挥自身的优势和潜力去应对你的事业，达到最终的成功。

根据卡耐基的说法，一个人成功的因素很多，而居于这些因素之首的就是热忱。他常常把热忱灌注在他的教学里。他看到他的学员有了进步，就非常兴奋，以致常常在下课之后还不想回家。

卡耐基说："年轻人不可以把热忱和大声讲话或呼叫混在一起，所谓热忱，是指一种热情的精神特质，是深入人的内心里……我喜欢称之为'抑制的兴奋'。如果你内心里充满要帮助别人的热望，你就会兴奋。你的兴奋从你的眼睛、你的面孔、你的灵魂以及你整个为人方面辐射出来。你的精神振奋，而你的振奋也会鼓舞别人"。他还说："热忱是成功的动力。

第十章 培养良好习惯
——良好习惯是成功的"基石"

没有了热忱,你的勇力再大也发挥不了。事实上,几乎每一个人所拥有的勇力都比他发挥得多。你可能学识渊博、判断力强,但在你将热腾腾的心投入思想与行动之前,没有人——包括你自己——会真正认识你所拥有的能力。"

他在全美国发表的演讲,在广播中,在与教师的开会中,都一再提到这一点。他也常常把他所说的话应用在自己的生活中,他的成功也可以说归功于他热忱的力量。

爱默生说"有史以来,没有任何一项伟大的事业不是因为热忱而成功的";伍罗·威尔森也说:"没有热忱,世间便无进步。"任何成功都可以因热忱而胜利。没有热忱的性格,不可能成就伟业,因为无论多么恐惧、多么艰难的挑战,热忱的性格都赋予它新的含义。缺乏热忱性格的人,注定要平庸地度过一生;而有了热忱的性格,你才能创造新的奇迹。

戴尔电脑的创始人迈克尔·戴尔的成功就是凭着对工作的异常热忱。他这样评价他自己:"我经常将自己置身于'走火入魔'的工作境界,在这种境界中能焕发巨大的个人潜能,这不仅让我的公司成为世界500强公司中的一员,也让我自己日后的事业蒸蒸日上。"

戴尔年轻时,在得克萨斯大学读书时,发现很多大学生都想拥有自己的一台电脑,但是因为价格昂贵买不起。这时,戴尔就心想:其实电脑经销商的经营成本并不高,为什么要让他们赚那么多的利润?为什么不由制造商直接卖给用户呢?

于是,戴尔开始对电脑市场进行考察。考察之后发现,IBM是当时个人电脑的老大,可以说几乎垄断了市场。正因为如此,IBM公司规定经销商每月必须提取一定数额的个人电脑,而多数经销商都无法把货全部卖掉。他也知道,如果陈货积压太多,经销商会损失很大。

明白了这个规律,戴尔开始行动,他按成本价购得经销商的陈货,然后在宿舍加装配件,改进性能,于是赚了许多钱。

后来,戴尔经过父母的同意退了学,开始了在电脑市场大展拳脚,当

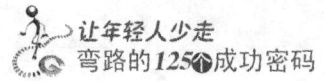

时他只有19岁。结果第一个月，公司营业额就达到了18万美元，而后，他停止出售改装电脑，转为自行设计、生产和销售自己的电脑。而今天，戴尔公司在全球16个国家设有附属公司，每年收入超过20亿美元。

戴尔对工作有着无休止的热忱，因而成就了他今天。任何人只要对工作充满热忱，都能获得成功，他的事业必会飞黄腾达。因为热忱是一个人对某项事业达到狂热程度的积极热情的一种态度，在你遇到困难、梦想摇摇欲坠的时候，它能够让你有足够的信心再次坚持下去。

年轻人请记住，成功属于充满热忱的人。一个人的意志力、追求成功的热忱越强烈，那么他的成功概率就越大。否则，一旦对事物失去了热情，他所担负的一切工作对他来说就是一种负累，又何谈成功呢？

086．四种习惯，助你成功

[成功密码]

良好的工作习惯是你成功、成才的灵丹妙药。

俄国教育家乌申斯基说："良好习惯乃是人在神经系统中存放的道德资本，这个资本在不断增值，而人在其整个一生中就享受着它的利息。"他这句话告诉我们，良好的习惯影响着一个人一生的成功与幸福。

卡耐基曾在成人训练班上告诉他的学员，养成四种良好的工作习惯可以帮助他们快速地成功。

第一种习惯：将桌上所有的文件都收拾好，只留下要处理的问题

罗南·威廉姆斯说："一个桌上堆满了很多文件的人，如果能把他的桌子清理一下，只留下正要处理的事情，就会发现他的工作更容易、也更有效，这是提高工作效率的第一步。"

清理桌子，可以帮你避免心理重压，从而能静下心来，处理好你需要处理的工作。

曾经有个叫威廉·桑德尔的人，找到卡耐基，对他说："卡耐基先生，我的精神快崩溃了，我每天都有做不完的工作，我需要帮助。"

卡耐基来到这个人的办公室，打开他办公桌的几个抽屉，里面全部是空的，只放了一些简单的文具，没有任何的文件。卡耐基对他说："我知道你的情况了。"

威廉·桑德尔很疑惑。卡耐基接着说："现在你只需要清理一下你的桌子，事情就好解决了。"

几个月过去了，威廉·桑德尔找到卡耐基，对他说："非常感谢，我现在终于知道，为什么我总有做不完的工作了。原来是，我在办公室有三张写字台，整个人都埋在工作里，事情永远也做不完。那次和你谈过以后，我认真清理出了一大车的报表和旧文件，现在我只需要一张桌子，事情一出来就立即处理，这样就不再有堆积如山的工作等着我去做了。"有人说："人不会死于工作过度，而会死于精力耗费和忧虑。"是的，人会死于精力耗费和忧虑，是因为他们的工作似乎永远都做不完。

第二种习惯：根据事情的重要程度来安排先后

在现实生活中，各种事情纷至沓来，令我们应接不暇。但是请记住，不论事情有多少，永远是要事第一。先要把最重要的事情做好，分清主次，你才会在不知不觉中养成做事的好习惯，从而获得成功。

人们总是根据事情的紧迫感而不是事情的重要程度来安排先后顺序，这样的做法是被动而非主动的，成功人士一般不会这样工作。成功人士都是以分清主次的办法来统筹时间，把时间用在最高回报的地方。

第三种习惯：当你遇到必须当场解决的问题时，当场解决，不要拖延

大多数踏入社会年轻人面对繁重的工作，总喜欢"等一等""明天再做"，坐等其成，最终只能陷入漫长等待中的泥潭。

卡耐基以前的一个学员霍威尔告诉他，在他担任美国钢铁公司董事的时候，开董事会总要花很长的时间，讨论很多问题，但是达成的决议却很少。结果使他每天不得不把大量的报表带回家。

后来，霍威尔决定，每次开完会只讨论一个问题并做出决定，绝不拖延。结果令霍威尔很惊讶：所有的陈年旧账都清理了，工作日历干干净净，再也不需要带报表回家了，公司的办事效率也提高了。

拖延实质上是一种极其有害于工作和生活的恶习。拖延只会侵蚀你们的意志和心灵，阻碍你们潜能的发挥。春种一粒粟，秋收万颗子。一分耕耘，一分收获，只有我们现在行动，不懈努力，才能迎来硕果累累的秋天！

第四种习惯：学会组织、授权和监督

卡耐基曾说："很多年轻人大都提早给自己挖下了坟墓，因为他们不懂得把责任分给他人，而是事必躬亲，其结果是被琐事包围。"因此，年轻人在工作中，要懂得组织、授权和监督，否则，匆忙、忧虑、焦急和紧张纷至沓来，使你的精力过早地被消耗掉。

总之，对于年轻人来说，良好的工作习惯是你成功、成才的灵丹妙药。

087. 懒惰的"罪状"

[成功密码]

一个懒惰心理的危险，比懒惰的手足，不知道要超过多少倍。而且医治懒惰的心理，比医治懒惰的手足还要难。因为我们做一件不愿意、不高兴的事情，身体的各部分，都感到不安和无聊。反过来说，如果对于这种工作有兴趣、愉快，工作效率不但高，身心也感觉到十分舒适。因不适宜的劳动，使身心忧郁而患成的病症，医生称为懒惰病。

世上两种人必定惨败，一种是懒惰之人，另一种是骄傲之人。而懒惰是"罪恶之首"。人们一旦背上了懒惰这个包袱，就只会整天怨天尤人、精神沮丧、不去求知、拼搏、创造，最终只能是一事无成。

年轻人在生活或工作中，可能会遇到这样的情景：

(1) 懒得与他人接触；

(2) 对什么都漠不关心；

(3) 本想打算做的事，总是迟疑，犹豫不决；

(4) 做事情总是半途而废；

……

如果你有这样的表现，那么懒惰已经找上门来了。

著名思想家泰勒曾说："懒惰等于将一个人活埋。"懒惰是极有危害的。下面就看看它的"罪状"吧！

懒惰罪状之一：心理惰性缺少上进心

英国一位哲学家说："懒惰是意志薄弱者的隐藏所。"懒惰会吞噬人的心灵。它让大部分人没有雄心、壮志和负责精神，宁可期望别人来领导和指挥，也不肯个人奋斗，就算有一部分人有着宏大的目标，也缺乏执行的勇气。

人们的心理惰性往往会不知不觉地逐日增加，而且对人的危害性是巨大的。它会让人从心理上逐渐产生一种求稳怕变的趋势，遇事瞻前顾后，往往会导致不思进取、事业无为。

懒惰罪状之二：行为惰性使肌体素质下降

行为惰性医学研究认为，懒惰情绪可使人体生理机能变差，疾病容易找上门来。

懒散者不常参加运动，会使肌体得不到锻炼，体力消耗减少，热能的"收入"大于"支出"，身体就会逐渐发胖，以致患上多种疾病。

体力活动少，身体各器官系统的功能"适应性"会下降。另外，肌体的免疫功能也是按"用进废退"规律变化的。因此，懒散必然会使肌体素质下降。

懒惰罪状之三：思维惰性使思维迟钝

人的大脑也遵循"用进废退"的法则。勤于用脑的人能使大脑增加释放脑啡肽等特殊生化物质，脑内的核糖核酸含量比一般人平均水平要高10%～20%。核糖核酸能促进脑垂体分泌神经激素多肽组成的新的蛋白质分子——"记忆分子"。它对促进记忆和智力的发展具有重要作用。懒惰的人由于大脑功能得不到充分发挥，脑啡肽及核糖核酸等生物活性物质的释放和水平降低。长期下去，大脑功能就会呈渐进性退化，思维逐渐迟钝，分析和判断能力亦下降。

据日本的一项调查显示，多用脑的人智力水平比懒惰者要高50%。

懒惰罪状之四：病态惰性是长寿的克星

懒惰是场隐形瘟疫。医学资料表明，人们在患病前出现懒惰情绪约占病例总数的70%，如抑郁症、冠心病、贫血、心脏病等疾病事先都会毫无例外地出现"懒惰"征象，而这些病又是最容易夺走生命的魔鬼。

研究表明，心理上的平衡，有赖于神经系统保持一定的紧张性。惰性可降低肌体对外界环境的适应性，而出现未老先衰。有资料表明，情绪经常处于较差状态者，患心血管疾病的危险比一般人高3.5倍，心脏过早出现衰退现象。

懒惰罪状之五：懒惰影响人际关系

当你拒绝与他人交往的时候，你把自己的圈子缩小了，这样就会处于孤立无援的状态，对成功是很不利的。

懒惰是成功的绊脚石。它让时间悄无声息地流逝，它让成功离你越来越远，它让你一步步地放弃理想。年轻人，请记住懒惰、无所事事从来就不是一种荣耀，更不应该成为一种特权。它渗透进生活中一切目标和行为，蚕食和毁灭人们的激情和美德。它也是一种不好的行为习惯，而唯有战胜懒惰、战胜自我，才能不断地前行。

第十一章

态度决定一切

——态度是成功的"指挥棒"

088. 财富是勤奋的副产品

[成功密码]

卡耐基的座右铭是：第一是诚实，第二是勤勉，第三是专心工作。

美国石油大亨约翰·洛克菲勒在给儿子的第 15 封信中写道："我们的财富是对我们勤奋的嘉奖；勤奋是为了自己，不是为了别人；财富是意外之物，是勤奋工作的副产品。"

勤奋是实现理想的奠基石，是补拙益智的催化剂，是通向成功的桥梁，是人生航道的灯塔，是一切成功的催生婆。爱因斯坦说："在天才和勤奋之间，我毫不犹豫地选择勤奋，她几乎是世界上一切成就的催生婆"；爱迪生也曾说："天才就是 99% 的汗水加 1% 的灵感"；卡莱尔更曾激励我们说："天才就是无止境刻苦勤奋的能力。"

因为勤奋，安徒生蜕变的一生成为千古美谈；因为勤奋，巴尔扎克给人类留下了宝贵的文学遗产——《人间喜剧》；还是由于勤奋，牛顿发现了万有引力，让人类认识自然提升了一个台阶……勤奋是开启成功宝库的钥匙。

犹太人一直被认为是世界上最聪明的人。全球只有 1500 万的犹太人，占全世界总人口的 0.3%，可是，他们获得诺贝尔奖的比例却是其他民族的 100 倍。美国有 560 万犹太人，占美国人口的比例只有 1.9%，但是，排名前 400 名的美国富翁中，有 100 人是犹太人。这似乎印证了犹太人是聪明的。

但是，说某个民族的人生来就比其他人更聪明，不仅是荒谬的，而且是没有任何根据的。如果仔细研究就会发现，犹太人之所以拥有如此多的荣誉，完全在于他们的勤奋和执著。也正因如此，他们会比其他民族的人更容易成功。

犹太人的生存之法之一是培养勤勉的习惯。在犹太人的家庭里，犹太人的父母很注意培养他们子女的这种勤勉精神。犹太人认为对于勤劳的人，造物主总是给他最高的荣誉和奖赏，而那些懒惰的人，造物主不会给他们任何礼物。

犹太人喜欢专注于一个个狭小的领域，他们一般都勤奋地专攻自己所熟悉的领域，而且更加执著，因此七八十岁的老犹太科学家依然会获得诺贝尔奖。他们的一生都在勤奋地耕耘自己的事业，所以成功才会属于他们。

一勤天下无难事。无数事实证明了这样一个真理：成功来自勤奋，成功在于勤奋，勤奋让你无所不能。

勤奋改变一切。它使平淡的生活变得充实，使平庸的人变得伟大。古今中外，凡成事者，无不是因其勤奋。

一位魔术大师在苏丹面前表演魔术，他的魔术表演使得苏丹大加赞赏，惊异地称其为天才。"陛下，大师可不是从天上掉下来的，这位大师的技艺是他多年以来勤于苦练的结果呀！"一位大臣说。

苏丹被大臣的反驳扫了兴趣，于是就轻蔑地大声喊道："你没有任何才能，你到城堡里去吧！在那里你要好好反思一下我说的话。为了使你不至于寂寞，我送给你两只小牛犊作伴。"

从被关到牢房的第一天开始，这个大臣就抱着小牛犊练习爬台阶，从第一个台阶直到塔顶。几个月后，小牛犊越来越大了，这个大臣的力气也不知不觉地增长了。一天，苏丹突然想起了他的大臣还被关在大牢里面，于是就亲自去看看他。当苏丹走到大牢里的时候，他感到非常惊奇："真主呀，这是多么的不可思议，多么神奇呀！"

原来，这位大臣正用双手捧着一头大公牛，对苏丹说从前说过的那些话："陛下，大师可不是从天上掉下来的。我的力量是我勤奋练习的结果呀!"

成功是勤奋的结果,而勤奋则是成功的必备条件。勤奋是你生命的密码,能译出你一部壮美的史诗。勤奋使得初阳的第一缕曙光是为你亮起;扑鼻的第一丝花香是为你盛开。年轻人要想使理想变为现实,你们必须用勤奋去攀登成功的巅峰,用勤奋这把金砖敲开成功的大门。

089. 坚持不懈,直到成功

[成功密码]

如果在你一心向往的事上,尚未能成功,千万不要放弃。成功者多半都有这个信念,要知道,挫折是难免的,重要的是怎么样去克服它。坚持并战胜挫折,世界就在你的脚下了。

"坚持就是胜利!"这是许多人在遭遇挫折时给自己的人生暗示。不容否认,这种心理鼓励法确实缓解了困境中的一些不安,它让人们在困难中勇敢的坚持,从而取得了辉煌的人生成就。

"坚持"这两个字,说起来确实容易,但在实施的过程中却困难重重。在这样的情况下,普通人选择了放弃,给自己的成功关闭了一扇窗户。而聪明人不会这样,他们默默地坚持,用永不言败的精神克服着种种困难与折磨,所以他们成功了。

林肯,美国历史上伟大的一位总统,然而,他的成功和辉煌正是用不懈的坚持铺就的。1832年,林肯失业了,这使他伤心不已。他曾下决心要当政治家,当州议员,但糟糕的是,他竞选失败了。

紧接着,他开始着手开办企业,但不到一年,企业又倒闭了。不仅赔光了所有的积蓄,而且还欠了大笔债务,以至于在后来很多年里,为生活到处奔波。

随后，林肯决定再次参加竞选州议员，这次他成功了。他内心终于萌发了一丝希望，认为自己的生活有了转机："也许我要成功了！"

1835年，林肯想结婚了。但离结婚前的几个月，他的未婚妻却不幸去世。这给他带来了巨大的精神压力。在接下来的日子里，他曾心力交瘁，数月卧床不起。

1838年，林肯觉得身体状况逐渐良好，于是决定竞选州议会议长，可他再次失败了。1843年，他又参加竞选美国国会议员，而这次仍然没有成功。他知道，只要坚持，终会成功。1846年，他又一次参加竞选国会议员，最后终于当选了。

两年任期很快过去了，他决定要争取连任。他认为自己作为国会议员表现是出色的，相信选民会继续选举他。但结果很遗憾，他落选了。

这次竞选，让他赔了不少钱。他申请当本州的土地官员，但州政府把他的申请退了回去，上面指出："作本州的土地官员要求有卓越的才能和超常的智力，你的申请未能满足这些要求。"接连又是两次失败。在这种情况下，林肯还会坚持而继续努力吗？

然而，作为一个聪明人，他没有服输。1854年，他竞选参议员失败了；两年后他竞选美国副总统提名，结果被对手击败；又过了两年，他再一次竞选参议员，还是失败了。

林肯尝试了11次，可只成功2次，但他一直没有放弃自己的追求，一直在坚持。经过不懈的努力，1860年，他终于当选为美国总统。

一个人想干成任何大事，都要坚持下去。坚持下去才能取得成功。说起来，一个人克服一点儿困难也许并不难，难的是能够持之以恒地做下去，直到最后成功。但能够做到这一点，你就已经不同凡响。

人生不如意之事常十之八九，但没有什么是一成不变的，生活就像自然界，有阳春，也有金秋，有酷夏，也有寒冬。厄运和倒霉都不可能持续很久。要永远坚信一点：一切都会变的。无论身受多大创伤，心情多么沉重，一贫如洗也好，没人理解也好，只要有一线希望，都要坚持住。太阳落了还会升起，不幸的日子总有尽头，过去是这样，将来也是这样。只要活着就有希望，只要能撑住就有转机。

夏洛蒂·勃朗特在《简爱》中意味深长地写道：

人活着就是为了含辛茹苦。人的一生肯定会有各种各样的压力，于是内心总经受着煎熬，但这才是真实的人生。确实，没有压力就会轻飘飘的，没有压力肯定没有作为。选择压力，坚持往前冲，自己就能成就自己。

阳光总在风雨后，风雨中唯有不懈地坚守，才能看到冲开乌云时的第一抹阳光。正如一个作家说过，就像冲洗高山的雨滴，吞噬猛虎的蚂蚁，照亮大地的星辰，建起金字塔的奴隶，我也要一砖一瓦地建造起自己的城堡，因为我深知水滴石穿的道理，只要持之以恒，什么都可以做到。

年轻人，在你们的心灵沃土上，种上那一粒种子——坚持，永远相信，有付出就有收获，有努力就有回报。难怪歌德会说："只有两条路可以通往远大的目标——力量和坚持。力量只属于少数得天独厚的人；但是苦修的坚持，却艰涩而持续，能为最微小的我们所用，且很少不能达成它的目标。"

090. 忍耐是人生的必修课

[成功密码]

困苦、伤痛、艰难、挫折、孤独、寂寞……几乎每一个年轻人，在人生的旅程中都会经历这样的磨难，当你不甘心命运的安排但又不能扼住自己情绪之时，你必须也只有学会忍耐。

忍耐是一泓清泉，它让绝境中的人得到生活的希望；忍耐是一首歌谣，它让孤苦无依的人获得安慰。经不起忍耐的考验，我们的人生将会是一片苍白和不堪一击。相反，忍耐过后，你会收获不一样的美丽。

黄沙漫天，寒风凛冽，在遥远的非洲的戈壁滩上，生长着一种叫做依米的小花，它忍耐了六年的时光，才能绽放出两天夺目的美丽。

在过去的每一个日夜里，在每一分、每一秒里，依米小花都在努力地向下扎根。

因为它知道，只有不断地扎根，不断地生长，它才能绽放出属于自己的光彩。于是，它就这样日复一日，熬过了六年的日夜，在生命的尽头，依米花终于绽放出自己的精彩！那美丽的花朵虽小但夺目，即使只有两天的生命。两天过后，它便随母株一起香消玉殒了。

由于气候干旱、土地贫瘠，更何况这种小花只有一条根吸收水分。在六年时间里，炎炎烈日烧灼它，漫天风沙肆虐它，然而依米小花毫不气馁。在默默等待，默默生长，它知道，总有一天，根须深入到一定程度自己就会绽放绚丽的花朵。

依米花用生命的轨迹向我们昭示，只有忍耐，才能美丽，只有忍耐才终有成就。

世间万物的美丽，是在痛苦和泪水中孕育，在忍耐的土壤里生根、发芽、开花。只有学会忍耐，在沉默中积蓄力量，才能完成美的升华。

年轻人，你们的人生就像是一朵含苞待放的花朵，忍耐过了孤独、无助、挫折、打击与痛楚后，生命之花才得以绚丽开放。

忍耐是一种眼光，忍耐是一种领悟，忍耐是一种人生的技巧。学会忍耐，是人生的一种基本谋生课程。懂得忍耐，能做到把情绪收放自如，这个时候情绪已经不仅是一种感情上的表达，而且成了攻防中作用的武器。有些人不懂得忍耐，掌控不住情绪，不管不顾发泄一通，产生一些非理性的言行举止，轻则误事受挫，重则毁了一生。

俗话说："忍一时风平浪静，退一步海阔天空。"年轻人在很多时候，都需要忍耐：学学韩信忍得胯下之辱；学学张良能忍圯上拾履。忍耐不是弱者的音符，它是强者的形象。忍耐是一种智慧，也是一门为人处世、获取成功的大学问。

如何学好人生这门必修课呢？

①默念法

忍耐是人的一种品质，也是一种意志。当情绪来临时，控制自己的情绪，方法用心中默念法，就是鼓励自己，一定要控制自己，多训练几次，你就很容易控制自己的情绪了，可以做到不动于心了。

②打压法

当自己的情绪出现暴躁、愤怒……时，这时把这些硬压下去，将它扼杀在萌芽状态。

③假想法

每当情绪上出现不能控制自己的情况时，不要立即宣泄自己的情绪，先深呼吸，然后用假想说话这种方法来化解不良情绪。如果有兴趣，你也可以尝试一下。如当你要发火时从一数到十再发，这样也许会好点，你就很容易控制自己的情绪了。

091. 不是"不可能"而是"不，可能"

[成功密码]

世上的丰功伟业无不是对抗"不可能"的结果。只要你深信自己做的是对的，就不要让任何事拖累你。重要的是不计困难，完成工作。

生活中，总能听到两种截然不同的声音，"不可能"或是"不，可能"。勇敢者，面对问题会大声地对自己说："不，可能，我一定会完成，没有问题，我行，我可以……"而弱者会对自己说："不可能，这怎么可能呢？我做不到，我不行，办不到。"

"不可能"是大部分年轻人对待事情时的习惯性思考方式，他们这么做的本意是害怕自己受到伤害，但实际上，这种对事的态度却往往将你变成了你不想成为的样子。总是认为自己不可能，所以当事情来临的时候，自己束手无策，从而使自己陷入了困境。相反，持"不，可能"态度的人，做起事来，什么奇迹都会发生。

1485年6月，哥伦布提出了一个惊人的计划。为了实现自己航海的计划，他向人们提出了要到东方去的打算。他对西班牙国王说："我从这儿向西也能到达东方，只要你们能拿出钱来支持我。"

此言一出，哥伦布就遭到了许多人的非议，"不可能，这怎么可能呢？"反对声一浪高过一浪。哥伦布极力反对说："不，这是可能的事。"

但是，西班牙人们并没有反对他，因为他们认为，从西班牙向西航行，不出500海里，就会被大海淹没。至于说到达富庶的东方，那简直就是东方夜谭，不可能的事。

可是，在哥伦布第一次航行成功后，又开始了第二次航行的时候，他还是遇到了人们的阻拦：他遇到了空前的阻力，甚至还有人想在大西洋上拦截他，并企图暗杀他。原来认为"不可能"人继续讽刺他，但他并没有放弃，终于他的船只到达了富庶的东方。

"不可能"是一种消极的处世态度，而"不，可能"这种积极的处世态度能够激发潜能，克服重重困难，最后抵达胜利的彼岸。

有位哲人说："世间的事情非常奇妙，越是人们认为不可能的事情，越是有可能做到。"其实世间本没有什么不可能的事物，最重要的就是你以什么样的态度去面对它，如果你认为它"不可能"，那么它就永远成不了"可能"，如果你认为"不，可能"，那么事情就有回旋的余地。

一个演讲家正在准备下一次演讲的稿子，但他的儿子小约翰却在一旁吵闹不休。演讲家很是无奈，随手从旁边拿起了一本书，将夹在里面的一张世界地图撕成碎片丢在地上，然后对儿子说道："约翰，如果你能把这张地图拼好，我就好好地奖励你！"

演讲家认为这样就可以有效地制止儿子吵闹了，因为儿子那么小，要拼好一张世界地图谈何容易，但是不到5分钟，小约翰就过来敲他的门。演讲家看到儿子手中拼好的地图，感到惊讶万分，这怎么可能，就问他说："小约翰，你是怎么拼好的呢？"

小约翰说道："这个很容易，在另一边有一个人的照片，我就把这个人的照片拼在一起，然后把它翻过来。我想如果这个人是正确的，那么，这个世界就是正确的。"

演讲家听到这样的话，大吃一惊，他激动地拍拍小约翰的肩膀，递给小约翰5美元，并且亲切地告诉儿子说："谢谢你，你让我知道明天的演讲主题了，如果一个人是正确的，那么他的世界就会是正确的。"

这个故事给了我们这样的启示，所谓一个正确的人，除了正确的人生观和世界观以外，还包括对待事物的态度。如果你的态度是良好的、积极的、那么，你的人生也会是快乐的、胜利的、可能的。如果你的态度是消极的、有缺陷的，看世界是"不可能的"，那么你的人生也会是痛苦的、不顺的、悲惨的、不可能的。

因此，年轻人你在前进的时候，在一步步向上爬的时候，千万别对自己说"不可能"，因为"不可能"是一种消极的处世态度，它会导致你决心的动摇，令你放弃你的目标，从而返下楼梯，前功尽弃。而"不，可能"会让你看到另一番风景。拿破仑说，在我的字典中没有"不可能"这三个字眼。勇敢者谈话时不会提及它，脑海里排除它，态度中抛弃它，不再为它提供任何理由，不再为它寻找任何借口，把这个词永远地从字典里抹掉，而用光辉灿烂的"不，可能"来代替它。

092. 有责任心

[成功密码]

敢于承担责任的人，身处任何地方，都比别人容易脱颖而出。无论小事还是大事，我们都要负责，成功必将属于我们。让我们欢迎责任的到来吧！要想让自己得到提升，必须付出巨大的努力，以及额外的付出。这在当时也许是很痛苦的，甚至可能是吃力不讨好的事，但从长远来看，必然会有所收获。

责任心是工作中必不可少的一种态度。它比智慧和能力更加珍贵。一个具有责任心的人，才能获得成功，相反，即使一个人的能力再强，若是缺乏对工作负责的态度，其能力也就失去了用武之地。正如托尔斯泰所说："一个人若是没有热情，他将一事无成，而热情的基点正是责任心。有无责任心，将决定生活、家庭、工作、学习成功和失败。这在人与人的所有关系中也无所不及。"

海拉蒂今年已经在萨尔马多城上幼儿园了，最近她迷上了有关植物方面的知识。她认为，那些花实在是太漂亮了，便苦苦地哀求她的爸爸给她买一盆鲜花。

海拉蒂的爸爸认为女儿非常好学，便同意了海拉蒂的请求，于是，趁着海拉蒂周末的时间带海拉蒂去花卉市场买了一盆小花。

父亲希望海拉蒂不仅能够观察这些小花生长的整个过程，并且能够自己照顾它。于是，父亲和海拉蒂约定，由海拉蒂负责照顾鲜花，给它浇水和施肥。

刚开始几天，海拉蒂非常兴奋，每天耐心地给小花浇水，还根据日照的情况，不断给花盆挪动位置，并拿出本子，歪歪扭扭地在上面画出花卉生长的情况。海拉蒂的父亲看到小海拉蒂这么有责任心，十分满意。

可是，没过多久，海拉蒂的父亲发现小海拉蒂给花浇水的次数越来越少了，甚至好多天都不给小花浇水，也不做记录，似乎她已把养花的事给忘了。结果，小花慢慢枯萎了，叶子也开始泛黄，生长的速度减慢了，再过几天，花快死了。

海拉蒂的父亲便想问一问究竟。吃过晚饭，海拉蒂的父亲开始发话了，他指着阳台上的花对海拉蒂说："小海拉蒂，你这几天给花浇水了吗？"

海拉蒂低着头说："没有。"

"为什么没有？我们买花的时候不是叫你负责给花浇水的吗，并且你答应了，而且前几天你做得非常好，到底是什么原因呢？你能告诉我吗？"

海拉蒂耷拉着脑袋，沉默不语。

"你看，这盆花多么地伤心、悲哀！"父亲接着说，"它之前是多么的漂亮呀，可是现在她失去了美丽的叶子变得枯黄，而这都是因为你。"

在接下来的日子里，海拉蒂改变了自己的态度，每天按时给花浇水，小花不久又恢复了以往漂亮的颜色。

现实生活中，大多年轻人就像故事中的海拉蒂一样，起初具有很强的执行力对工作有冲劲，但个性张扬、缺乏责任。因此，很多事情都是半途而废。

工作中，我们无论做任何事情应有一个负责的态度。有了责任感别人才会信任你，你才有可能取得成功。

遇到大事谁都会认真处理，谨慎对待，有的时候责任心却是体现在工作琐碎的小事上。只有做好每件事，才能真正赢得信任。

责任是一种敢于承担、有所作为、勇于负责的态度。它是我们每一个人立足社会、开创未来的基石，是一个优秀的人必须具备的成功品质。工作中需要责任心，就像泥土中的种子需要阳光雨露的滋润一般。

责任心是晶莹的露珠，折射出人的精神光芒，责任心是炙热的岩浆，喷发出无穷的潜能；责任心是凝重的法码，真实地称量出人生的价值，责任心是坚硬的磐石，为你铺好面向理想的光明大道。它是一种发自内心，敢于面对生活的勇气和行为，它会指引你做你认为重要的事情，并且一定会竭尽全力，做到尽善尽美。

维克多·费兰克说："每个人都被生命询问，而他只有用自己的生命才能回答此问题；只有以'负责'来答复生命。因此，'能够负责'是人类存在最重要的本质。"年轻人，从现在起，多一份责任心吧，它会让你在成功的道路上收获一份完美的答卷。

093. 专注，成功的神奇之钥

[成功密码]

只有专注，才可以把工作做细、做精，做得更完美。而一个不肯专注，总是粗心大意的人，只会越来越远，最终只能在无为中度其一生。

性痴则其志凝，故书痴者文必工，艺痴者技必良。历史和现实证明：若想成就事业，必为专注，唯有专注。专注，它将会打开通往财富之门；专注，它将会指引通往成功的殿堂。唯有专注，我们才能挖掘深井处那一缕缕甘泉；唯有专注，我们才不会在各种风雨面前左右摇摆。

有人曾经问爱迪生："成功的第一要素是什么？"

爱迪生这样回答说："要将你身体与心智的能量锲而不舍地运用到同一个问题上而不厌其倦的能力……我们每天整天在做事。假如你早上7点起床，晚上10点睡觉，你做事就做了整整15个小时。对于绝大多数人而言，他们肯定是在做一些事情。而我则每天只专注于一件。"一个人想要在人生有限的时间中完成一流的事业，就必须学会专注，学会集中精力去完成一件事情，这样才能将事情做精、做细，才能铸就伟大的事业。

生命如舟，不可能负载太多，否则就会在抵达彼岸的途中搁浅，甚至沉没。人生途中，年轻人不必过多地追求太多的目标，做好生命的减法，专注并持之以恒，这才是最明智的生活之道。

蜜蜂专注于百花，因而赢得了蜜的甜美；雄鹰专注于天空，因而得到了天空的拥抱；白云专注于太阳，因而赢得无限光彩。专注于学习，巴尔扎克才能成为文学巨匠；专注于真理，伽利略才敢于挑战权威；专注于飞翔，莱特兄弟才能在天空中翱翔。因为专注，成功才得以诞生。

一位久负盛誉的企业家在告别职业生涯之际，应多人要求，公开讲一下自己一生取得多项成就的奥秘。

会场座无虚席，奇怪的却是在前方的舞台上吊了一个大铁球。观众们都莫名其妙，这时，两位工作人员抬了一个大铁锤，放在老者的面前。老者请两位身强力壮的年轻人上来，让他们用这个大铁锤去敲打那个吊着的铁球，把它荡起来。

一个年轻人抢着抢起大锤，全力向那吊着的铁球砸去，可是那吊球却一动也没动。另一个人接过大铁锤把吊球打得叮当响，可是铁球仍旧一动不动。

观众们都以为那个铁球肯定动不了，这时，老人从上衣口袋里掏出一个小锤，对着铁球敲了一下，然后停顿一下再敲一下。人们奇怪地看着，老人敲一下，然后停顿一下再敲一下，就这样持续地做。

10分钟过去了，20分钟过去了，会场开始骚动。老人仍然不理不睬，继续敲着。大概在老人进行到40分钟的时候，坐在前面的一个妇女突然尖叫一声："球动了！"霎时间会场立即鸦雀无声，人们聚精会神地看着那个铁球。那球以很小的摆度动了起来，不仔细看很难察觉。吊球在老人一锤一锤的敲打中越荡越高，场上爆发出一阵阵热烈的掌声。在掌声中，老人转过身来，慢慢地把那把小锤揣进兜里。

老人用小锤就可以敲动的球却不能被年轻人敲动，足以看到想要有所成就，就必须有专注的精神和坚持的毅力。

专注是一种力量，专注是一种催化剂，能赢必在专注。人们常说，能到达金字塔顶端的动物只有两种，一种是雄鹰，一种是蜗牛。雄鹰是因其拥有矫健的翅膀；而蜗牛就是具备专注的品质。一个人若能把时间、精力和智慧凝聚到所要干的事情上来，就能最大限度地发挥积极性、主动性、创造性，获得最大的成就。反之，缺乏专注的精神，即使立下凌云壮志，也决不会有所收获。

专注是所有成功的必然因素。无数成功者营造完美人生、成就辉煌事业的黄金法则——专注是金。因为专注，我们激发潜能，开拓创新；因为专注，我们获得成功，赢得无尽的精彩。

094. "全力以赴"还是"尽力而为"

[成功密码]

欲追求卓越,只能"全力以赴",而不是"尽力而为"。

有这样一个故事:

一天,一个猎户带着他心爱的猎狗去森林里打猎。

刚一进森林,猎户就发现了一只兔子,猎户毫不犹豫地掏出了猎枪,一下子就击中了兔子的后腿。为了逃命,受伤的兔子就开始拼命地往前跑,猎狗在猎户的指示下,飞奔着去追赶兔子。

但是,猎狗追着追着,兔子一下子就不见了。猎狗只好悻悻地回到了猎户的身边。猎户开始不停地骂猎狗:"你真是一点用都没有,连一只受伤的兔子都追不到。"

猎狗听了极不舒服,哭丧着脸说道:"我可是尽力而为了啊。"

而那只兔子则拼命地跑回了洞中,把自己刚才经历的险情对兄弟姐妹们说了一遍。它的兄弟姐妹们极为惊讶,纷纷问道:"那只猎狗那么凶,况且你又受了伤,你是怎么跑过它的呢?"

"它是'尽力而为',而我是'全力以赴'啊,它没能追上我,最多只是挨顿臭骂,而我如果不全力以赴地跑,我就会丧命的呀!"

不同的付出,自然产生不同的结果。站在同一起跑线上,但我们还在以尽力而为的态度忙忙碌碌时,全力以赴的兔子早已不见了踪迹。

尽力而为,只会差强人意,而全力以赴,便能突破原有的极限,激发出更多的潜能,产生预料之外的强大冲击力。然而,在现实生活中,很多年轻人只要事情不是迫在眉睫,总是尽力而为的态度。事实上,这是远远不够的，在这个竞争日益激烈的社会，凡事都以尽力而为的态度处世，稍有不慎，你就有被淘汰的可能。为此，欲成就一番事业，一定要经常问问自己：我今天是尽力而为的猎狗，还是全力以赴的兔子。

尽力而为是一种态度，一种让人变得懒惰的态度；但全力以赴就不一样了，当我们全力以赴地投入到工作中时，我们就是激发强大的潜能，得到意想不到的结果。

威廉是美国推销界的顶尖高手，年收入高达百万美元。他在担任某公司的销售经理时，因为一些居心不良的人士到处散布该公司发生财务危机的谣言，使公司内部员工的士气大大地低落，工作热情大大地削减，最终导致整个公司的业绩也开始滑落。

因为情况极为严重，威廉为了挽救局面，不得不召开一次大会。在会议刚刚开始的时候，他首先请业绩最好的几位销售员站起来，要他们说明一下近来公司销售量下滑的原因。这些销售员一一站起来，不是将原因归咎于经济不景气，就是不停地埋怨公司广告部的宣传不到位，再不就是近来市场上消费者对产品的需求量削减。

听完他们的抱怨之后，威廉就突然地站起来让大家肃静。然后接着说："停，会议暂停10分钟，我现在要把我的皮鞋擦得亮些！"

接下来，威廉就将公司附近一名小鞋匠带到会议室中来，开始给他擦皮鞋。所有在场的人员都不明白这是何意。

那位小鞋匠利索地仅用了2分钟时间就将他的皮鞋擦得锃亮，表现出了极为专业的擦鞋技巧。

等皮鞋完全擦亮后，威廉就递给了小鞋匠2美元钱，然后开始重新发表他的演讲。他对所有人说："我希望你们每个人好好看看这位小鞋匠，他每天都要擦上百双皮鞋，可以为自己赚取足够的生活费，并且每月还可以存下一些钱。他曾告诉我，他将擦鞋的工作已经当成了一项艺术来做。同他在一起的还有另外一位小男孩，年纪要比他大些。比他大一点的这个男孩每天都很尽力，但是，仍然无法赚取足够的生活费。现在，我想问你们一个问题，那个大男孩拉不到生意，是谁的错？他的错，还是顾客的错呢？"

"当然是那个孩子的错。"大家异口同声地说道。

"回答似乎很好。"威廉回答，"现在我要告诉你们，这个时候与一年前的情况是完全相同的，同样的地区、同样的对象以及同样的商业条件，你们的销售业绩却远远比不上去年，这到底是谁的错？是你们的错还是顾客的错？"

全体推销员全部站起来，发出雷鸣般的回答："都是我们的错！"

威廉说："我极为高兴你们能够坦率地承认你们错误，现在我要明确地告诉你们错误在哪里。你们一定是听了公司财务发生问题的谣言，才动摇了你们的销售理想，影响了自己的工作热情。不是由于市场不景气，而是你们的推销工作不如以前那样卖力了。现在，只要你们回到自己的销售区去，并保证在30天内提高自己的销售业绩，公司就绝对不会出现财务危机，你们能够做得到吗？"

"做得到！"几千名员工一起大声地喊起来。最终，他们果然办到了，还使公司的业绩突破了历年来的最高纪录。

一位哲学家说："人来到这个世界上，做任何事都要全力以赴。哪怕是最为卑微的职业，只要你全力以赴，便能做得最好。"既要像故事中的小鞋匠那样，将擦鞋当做一项艺术来做，全身心地投入进去，内心便不会感到迷惘，也就远离了一些消极的情绪了，便能提高自己的工作效率。如果我们每个人都能够全身心地投入自己的工作中去，即便你的能力再一般，也是可以取得最好的成绩的。

在任何时候，做任何事情，我们都应抱着全力以赴的态度去打拼、去奋斗，去追求自己理想的结果，这样就能够发挥自己生命里的潜在能量，从而真正实现人生的成功一跃，拥有美好的未来。

年轻人，你们渴望辉煌的明天，所以你们执着追求；年轻人，你们期盼赞叹和尊重，所以你们永不言败；年轻人，你们追求完美的成功，所以你们需要全力以赴。

095. 冷静地思考，比埋头苦干更重要

[成功密码]

　　冷静地思考，有时比埋头苦干更重要。在行进的道路上，我们不能光埋头赶路，还要懂得抬头冷静地思考。

　　冷静地思考，有时比埋头苦干更重要。成功者和平庸者最大区别在于：前者在忙碌之中能够静下心来进行思考，而后者常常只顾低头赶路，却少了抬头看路，少了思考，少了总结再前行这一环节。

　　在前进途中，若能在忙碌之中留下时间进行思考，有利于将自己的时间、经验进行更好地整合，并有助于规划自己的下一步行动目标，使自己从无效走向有效，从有效走向高效、卓越，而只顾埋头苦干，整日忙忙碌碌，却不能收到任何成效。

　　思考，比什么都重要。不要以为埋头苦干就好了，也不要认为你认真就可以了，苦干之余，冷静思考是有益的，不下决心培养思考态度的人，便失去了生活的最大智慧。

　　先讲一个故事：

　　在美国有一个探险家，他热衷于考察森林中的原始文明。

　　一次他去了中非一个原始森林，他雇了几个土著居民做向导及挑工，尽管这几个土著人身上背负着笨重的行李，但他们的脚力过人，健步如飞，一连几天，考察队都很顺利，按原定的行程赶路。

　　但到了第四天，这些向导们和挑工们却不愿意赶路了。探险家与他们沟通了很多次，不料都遭到了他们的拒绝，探险家为此感到非常气愤和不解。

经过再三沟通，探险家终于明白了，这里的土著人自古有一种习俗：在赶路时，起初都是竭尽所能地埋头赶路，但每走上三天，便要休息一天，当探险家进一步询问原因时，这些土著人的回答让探险家受益终生。

"那是为了让我们的灵魂，能够追得上我们赶了三天路的疲惫的身体。"

多么富有哲理的话，在我们前进的路途中，不仅要低头做事，还需要抬头看路，学会思考，懂得总结。

有人曾经说过："你可以不成功，但你不能不成长。"苦干的过程就是成长的过程，不断地反思，不断地学习，相信自己能在苦干的同时，也能抬头冷静地思考自己走的路，沿着正确的路走下去，便是成功的人生。

一天，物理学家卢瑟福发现一位学生还在聚精会神地做实验，便好奇地问："你在干什么呢？"

学生回答道："在做实验。"

卢瑟福惊讶地问："那你下午做什么了？"

学生毕恭毕敬地回答："做实验。"

卢瑟福开始皱起了眉头，继续追问："那早上呢？"

"也在做实验。"学生回答。

勤奋的学生本来以为自己会得到导师的赞扬，然而他没想到，卢瑟福却大发雷霆，厉声指责道："你一天到晚地在做实验，那你有什么时间来进行思考呢？"

要想成就一番事业，埋头苦干固然重要。但是实现我们的目标可绝不仅仅只靠苦干，还需要我们进行思考、进行规划。在思考的过程中，通过树立新的、更高的目标，不断开掘自己的智慧、自身的潜能，才能逐渐使自己走向成熟，让生命过程变得更加丰富和精彩。

现实生活中，很多年轻人宁可让岁月湮没在无任何价值的埋头忙碌中，也不愿意抬头思考，以至于自己的行动总是在低层次徘徊，结果是一无所获。为此，在生活中，年轻人，你们再忙也要留出时间让自己静下心来思考，有时候，哪怕是一分钟的思考也胜过你漫无目的的忙碌。

在前进的过程中，在人生最关键的时刻，静下心来冷静地思考一番，才能不断修正自己方向，才能保证自己拥有一个光明的未来。正在埋头苦干的你，无论每天有多忙，还是留点时间让自己仔细地思考吧。

096. 别让"眼高手低"害了你

[成功密码]

眼高手低，会让你离成功越来越远！

但凡在事业上取得一定成就的人，大都是从简单枯燥和低微的职位上，一步步地走过来的。他们能够从细小的事情中找到个人成长的支点，同时不断调整自己的心态，用恒久的努力打破困境，走向卓越与伟大。而"眼高手低"只会让你永远地站在人生的起点，无法到达终点。

生活中，有这样一群人：有远大的理想，眼高手低，往往瞧不起那些小工作，即便是做了，也不是心甘情愿，总觉得自己受委屈了。结果大事没做好，小事也干不了，什么成就都没有。这种人往往自认为自己身怀雄才大略，却因为缺乏踏实肯干的心态无法受到他人尊重。然而，可以试想，一屋不扫，何以扫天下？小事情做不好，如何做成大事情呢？想做大事，就一定要有做大事的能力和心态，而这种能力则是经过一点一滴的不断积累而成的，并非学到什么就可以马上用到工作中来。如果你每天总是想着一些不切实际的"大事"，不仅最后实现不了你的雄心壮志，连自己不屑一顾的小事可能都做不好。

每个梦想的实现，都需要一个漫长的过程。就像是参加一场马拉松比赛，有初赛、复赛和决赛。初赛的时候，大家都刚刚进入社会，实力差不多，这个时候，你一定要摆正心态，稍微努力、认真一点就可以让自己脱颖而出，所以，很多人在20多岁就小有成就。要想成为这一群人中的一员，最重要的就是要从小事做起，做他人不愿意做的事，做别人认为最低下、最卑微的事情，千万不能眼高手低，做好每一件小事是你赢得初赛的资本。

饭要一口一口地吃，仗也要一场一场地打。即便你想受到重用，也要从小事情做起。如果总是眼高手低，最终只能以失败告终。

天上不会掉下馅饼，从来不需要付出任何辛苦努力的工作，也没有唾手可得的收获。工作需要你付出体力、智慧和时间。只有乐意主动吃苦，锻炼自己，才有可能得到应得的利益。你的吃苦耐劳带给企业的是业绩的提升与利润的增长，而带给你自己的则是知识、技能、才干、技能和经验的积累和增长，还有源源不断的机会。

高奋是一家大型机械生产公司的董事长，在过去十几年的经验积累之中，他将自己规模不大的厂子发展成为当下的上市公司。在接受媒体采访时，他深有感触地说起了自己的成长经历：

在刚刚毕业上班的时候，高奋只是一个车间实习生。公司从原材料、制浆、再生产到出厂，所有的生产流程一共有25个车间，我被安排到其中的10个重点车间去实习。主要目的是进一步了解公司的情况，熟悉公司的设备运作与生产流程，同时还要与职工交流沟通，参加各种体力劳动，经受酷暑和各种体力劳动的考验以磨炼自己的意志。我豪情万丈地开始了学习，因为我觉得我需要这样一个锻炼和接受考验的机会，这是我在公司站稳脚跟的基础。

我在车间开始一丝不苟地工作，十分注意观察和了解公司的工艺流程、掌握生产原理，并与员工聊天不断地拉近与他们之间的距离。遇到体力活儿，我会动手搬运、推车、打件，等等，这些极为细微的工作。我实习车间的温度高达50摄氏度，每天早上六点多钟就进车间，不到几分钟，我的衣服就被浸透了，一天要换几件衣服。但是我觉得正是那一个月的辛苦，才让我更彻底、更详细地了解了公司的运作流程以及各个部门的生产细节，这为我以后改进生产工艺奠定了坚实的基础，也是我将企业做大、做强的基础。

由此可见，一个人的才能和经验都是从基层的各种细节工作做起的，只有脚踏实地、一点一滴不断积累，才能够一步一步地迈向成功。

阿里巴巴首席执行官马云曾经有过这样一番精辟的论断："所有取得 MBA 学位的人员进入公司之后，首先都要从最基层的销售员做起，如果在 6 个月之后能够留下来，就可以继续留任。因为我想给他们更多的时间进行历练，只有沉得低，才能够跳得高。"

其实，这个世界上从来就没有"完美无暇"，任何工作都不如自己想象的那么完美，也都有不尽如人意的地方。作为一个有责任心的人，要正确地对待工作中出现的一些问题、挑战，勇于从小事做起，敢于吃苦，在小事中不断地提升自己的能力，才能迎来更加美好的前景，最终的理想才能得以实现。

第十二章

练就演讲口才

——口才是成功的"捷径"

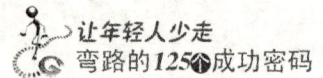

097. 好口才，好前程

[成功密码]

　　一个人的成功，约有15％取决于知识和技能，85％取决于沟通能力。假如你的口才好，可以使人家喜欢你，可以结交好朋友，可以开辟前程，使你获得满意的结果。

　　美国人类行为科学研究者汤姆士指出："说话的能力是成名的捷径。它能使人显赫，鹤立鸡群。能言善辩的人，往往使人尊敬，受人爱戴，得人拥护。它使一个人的才学充分拓展，熠熠生辉，事半功倍，业绩卓著。"他甚至断言："发生在成功人物身上的奇迹，一半是由口才创造的。"第二次世界大战后，美国人把"口才、金钱、原子弹"看做是在世界上生存和发展的三大法宝。现在，又把"口才、金钱、电脑"看成是影响一个人成功与否的最有力量的三大利器。而"口才"一直独占鳌头，足见其作用和价值。

　　口才是一门艺术，听口才好的人说话，犹如沐浴春风，让人如痴如醉；口才是一把利刃，帮助我们斩断人生道路上的荆棘；口才是一盏明灯，指引我们前进的方向。一个人想获得成功，必须具有能够应付一切的口才。正如一位年迈的法老谆谆告诫即将继位的儿子说："做一个雄辩的演讲家，你就会成为一个真正坚强的人。舌头就是一把利剑，演讲比打仗更有威力！"

　　卡耐基口才训练班曾经有一个学员葛德·菲迈尔，他是一名银行家，无论是工作还是生活，他一向沉默寡言，遇到自己认为不合理的事只会在家中生闷气，虽说事业稍有成就，但一直进步不大。

　　一个偶然的机会，朋友建议他去参加卡耐基口才训练班。参加了训练班以后，他学会了很多有用的讲话术。

　　在一次参议员的竞选赛上，因做了成功的演讲，他成了镇内4万多选民的偶像，被推选为镇上唯一的参议员，使他在6个星期中得到的朋友，比他25年中所得到的多了80倍，而他作为镇民代表得到的报酬，是他一年收入的10倍。

美国著名政治家丹尼尔·韦伯斯特说过："如果有一天神秘莫测的天意从我这里把我的全部天赋和能力夺走，而只给我留下选择其中一样保留的机会，我将会毫不犹豫地要求留下口才，如此一来我将能够快速恢复其余。"成功者总会这样评价自己的成功："除了实力和机遇之外，全凭我的能说会道。"而失败者却总是这样归纳自己的失败："除了时运不济之外，都怨我这张破嘴。"可见，口才是影响一个人成败的重要因素。

口才是人际交往的工具，是卓越人才开拓前进的有力武器，是开启成功之门的钥匙，是马力强劲的越野，载着我们驰骋在生活的道路上。拥有好口才，就是一种征服人心的大能量，一个懂得说话技巧的人，即便一无所有，也依然能够通过一席话成就自己。

据说有一个人对商业广告极有研究，奇怪的是：即使谈话中，他并没说出前来求职的目的，但他曾在看似无机会中创造了很多次机会，最终得到了面试者的认可。

一次，他以求职的目的去拜访一个大公司的经理。会面期间他始终没有把谋职的意思说出，他只和经理谈天，他在巧妙的谈话中尽量地把广告对于商业的重要和其运用的方法说出，他举了许多有力的例子，他丰富的词汇、富有逻辑的思维、精湛的内容、流利的口才引起了经理的兴趣，结果他没说出谋职，反而由经理主动请他替公司开展设计广告的相关事务。

他的目的达到了，这就是凭借自己的口才给自己创造机会，获得良好发展的人。他有口才，而且懂得怎样用自己的口才去找到他发展才干的职位。

口才是思维的花朵；口才是传递信息的通道；口才是一项心理技能；口才使说者言有所用，听者悦耳善听。它体现了一个人的修养、知识和魅力。在求职面试中，年轻人需要它；在职场工作中，年轻人需要它；在商业谈判中,年轻人需要它;在上台演说中,年轻人需要它;在交友恋爱中,年轻人需要它……口才渗透于生活中的方方面面。实践证明,好口才行遍天下,好口才改变人生,好口才赢得好人缘。可以这样说,好口才带来好前程。

098. 高效演讲的艺术

[成功密码]
　　每个人只要会说话,就一定能成为出色的演讲家。

　　富兰克林的自传中,有这样一段话:
　　我在约束我自己的时候,曾有一张美德检查表。当初那表上只列着12种美德。后来,有一个朋友告诉我,说我有些骄傲,这种骄傲常在谈话中表现出来,使人觉得盛气凌人。于是我立刻注意这位友人给我的忠告,我相信这样足以影响我的前途,然后我在表上特别列上虚心一项,我决定竭力避免说出一切直接触犯别人感情的话,甚至禁止自己使用一切确定的词句,像"当然"、"一定"、"不消说"……而以"也许"、"我想"、"仿佛"……来代替。
　　可见,掌握高效的演讲沟通艺术是十分必要的。
　　开场白要立即引起听众的注意——
　　开场白,顾名思义,就是演讲一开始所说的话。演讲的开头是演讲者与听众的一座桥梁、纽带,起着不可低估的作用。一个好的开头犹如一个出色的导游,一下子就能把听众带入讲话者为他们设计的佳境。同时好的开头能为全篇演讲定下基调,为正文的引入做好铺垫。
　　好的开场很重要,正如高尔基所说:"最难的是开场白,就是第一句话，如同在音乐上一样，全曲的音调，都是由它而定的，平常得需要好长时间去寻找。"

通常好的演讲开头莫过于以下几种形式：

①提问式开头

直接提出一个发人深省的问题，或是一个人们普遍关注的、急切需要解决而一时难以解答的问题，构成"提问式"开头。

如《海底世界》一文的开头：你可知道，大海深处是怎样的呢？

大海，在许多人的眼里是陌生的。在这里，作者以设问开头，引起读者注意，使读者急于阅读下文以寻找答案。

提问，是不错的开头法。这种开头方法，几乎所有感兴趣的人都会去思考，并产生一种要求知道正确答案的欲望，从而使听众的注意力集中。

②揭题式开头

提出一个惊世骇俗的观点，以片语惊人的方式，揭示主题，构成"揭题式"开头。

如《什么是真正的幸福》开头：幸福，这是一个多么美丽而诱人的字眼，它古老而常新，有着无穷的魅力。古往今来，有多少人在追求、探索。然而，大千世界，茫茫人海，人们对幸福的理解和追求又不尽相同。

③先入为主式

这种方式就是一开始就吊足听众的胃口，激发听众兴趣的一种方式。

如一位建筑学家在做一次演讲时，其开头就说："这是我所见的最为丑陋的城市。"此言一出，顿时激发听众继续听的兴趣。

④警语式开头

引用深邃而新颖的格言，或采用哲言隽语、名言警句，构成警语式开头。

如《走自己的路》开头："路漫漫其修远兮，吾将上下而求索。"

突出你的语言、语调习惯

在交谈时，说者要用恰当的语调和动人的情感，打动听众，使听说双方的心理和情感汇合在一起时，就会使双方心情愉快，说者妙语连珠，听者津津有味。

张弛有度，把握讲话的要点

言不在多，达意则灵。语言的精髓，在精而不在多。说话啰唆，特别容易引起别人的反感，让别人对你产生不良印象。简洁的演讲独具魅力。

丘吉尔参加剑桥大学一次毕业典礼上，整个大礼堂里坐满了学生，他们正等待着伟人的到来。在随从的陪同下，丘吉尔准时到达，并慢慢地走入会场，走向讲台。

站上讲台，丘吉尔脱下他的大衣递给随从，接着摘下帽子，默默地注视着台下的观众。一分钟后，丘吉尔才缓缓地说出了一句话："永不放弃！"

说完这句话，丘吉尔穿上了大衣，戴上帽子，离开了会场。顷刻间掌声雷动。

简洁演讲是一种独具魅力的表现技巧，不但易于听众接受，而且能深刻地打动他们的心，取得演讲的成功。

那么，怎样的演讲独具魅力呢？说穿了就是平凡、朴素、简洁。

形神兼备，巧用肢体语言

一个人的肢体语言反映一个人的感觉，肢体语言对信息传递有着至关重要的作用。

卡耐基曾对人的第一印象做了行为研究报告，报告指出：

在人的第一印象中，一个人的信息表达是由7%的语言，38%的声音，和55%的肢体语言组成的。

由此可见，肢体语言在人与人的交流中起着比语言本身更重要的作用。

肢体语言中最主要的是眼睛。眼睛是心灵的窗户，是人们内心世界最直接也最真实的反映。言谈举止间，说话者的喜怒哀乐皆由眼睛传达出来，"会说话的眼睛"所传达出的感情，往往比声音、言辞要直接得多。

其次，手势是语言的辅助工具。沟通，不但要用嘴巴来说话，还要运用富有感情的腔调来增加煽动力，当然更少不了手势等肢体语言，简单地说，就是要调动身体的各个神经来沟通。

第二次世界大战时期，英国首相丘吉尔在结束电视演讲时，举起握拳的姿势，然后伸出食指和中指构成"v"形，结果受到全国欢迎，一直到现在都成为象征胜利的标志。

人的表情、动作、行为都有特定的含义，这些身体语言虽不具备语言的直接意义，却往往比语言更能显露真实的内心，在演讲过程中如能恰当地使用你的面部表情、手势、身体的姿态和动作，都可以起到无声胜有声的效果。

让人回味无穷的结尾

俗话说："织衣织裤，重在开头。"演讲的结尾，就是演讲的"收口"。一篇好的演讲，除了有引人入胜的开头，还应该有耐人寻味的结尾。

那么，怎样才能使结尾更加精彩呢？

①点题式

所谓点题式结尾就是突出演讲的中心论点。

如1989年，西班牙的塞拉在获得诺贝尔文学奖时发表演讲《虚构颂》的结尾："通过努力和想象，人最终可以成其为人。在这种很大一部分尚未完成的事业中，虚构在任何时候、任何情况下都是一个决定性的工具：在通向自由的无尽的征途上，它能够给人们指引方向。"结尾与演讲主题"虚构"相一致，将他的文学主张重重地烙在了人们的心里。

②呼吁行动式

如，让我们行动起来吧！这种方式的演讲结尾以慷慨激昂、扣人心弦的语言，向听众进行情感的呼唤，会使听众产生一种蓬勃向上的力量。

③决心式

这种表决心的结尾方式,感情饱满,态度鲜明,热情奔放,有助于坚定听众的信念,增加演讲的感召力。

④抒情式

用诗情画意的语言结尾,最易激起听众心中感情的浪花,给听众以极大的鼓舞和力量。

结束语演讲的成败在相当程度上取决于演讲的结尾,精彩的结束语犹如与人话别,能促人深思。

总之,年轻人是否懂得并掌握了演讲的艺术,成为决定其能否通过展现口才,从而走向成功的关键。

099. 好口才不是天生的

[成功密码]

西方也有一句格言为:"诗人是先天的,演说家是后天的。"

爱因斯坦说:"天才是百分之九十九的汗水加上百分之一的灵感。"门捷列夫也说:"没有加倍的勤奋,就没有才能,也没有天才。"天才的才能是从现实中,刻苦训练出来的。其实,好口才也是一样。

卡耐基曾做过这样一份调查,结果显示:

缺乏语言训练与受过良好语言训练,在谈吐上具有天壤之别。面对同一件事,没受过语言训练者的表述,有可能是语无伦次的、杂乱无章的,即使说上一大堆话,也只会是废话一堆;若是受过良好语言训练的人,他可能只须很少的语句,就会十分简练、完整且合乎逻辑地抓住主要情节与情节之间的关系,将事件表述出来。两者之间差别之大,不由得引起我们对口才训练的重视。

在生活中，我们总能看到一些口若悬河的人。其实，没有人天生就具有好口才，即使是能言善辩的雄辩家或演说家。口才并不是一种天赋的才能，它和其他的才能一样，都是在经历失败和挫折的折磨后，在循序渐进中才能获得好口才的赞誉的。

美国历史上伟大的总统林肯先生，在进入政坛之前，说话总是口吃，为此经常遭到别人的嘲笑。林肯为了练好口才，徒步30英里，到一个法院去听律师们的辩护词，看他们如何辩论、如何做手势。他一边倾听，一边模仿。

此外，他还经常收集拜伦、莎士比亚的诗集，把它们全都背下来。他曾对着树、树桩、成熟的玉米练习口才。

后来，在他超于常人的演讲中征服了千百万的观众。

另一则故事：

日本前首相田中角荣，少年时曾患有口吃病，说话结结巴巴，但他并没有因此而放弃努力。为了克服口吃，练就口才，他常常朗诵、慢读课文，为了矫正发音，他把石头放进自己的嘴里，以此来纠正嘴和舌根的部位，严肃认真，一丝不苟。

就这样，通过漫长的努力，他最终练就一副好口才，这成为他在政界获得成功的重要条件。

好的口才是打开成功之门的钥匙。它带给我们成功和幸运，带给我们愉悦和欢畅，帮助我们增加知识和修养，激发我们的潜能，也给我们带来各种左右逢源的交际关系；还可以帮助我们在工作和事业中巧妙地表达自己的意见，阐明自己的主张，展示我们卓越不凡的办事能力。

良好的谈吐可以助一个人成就一番事业，蹩脚的谈吐可以令一个人万劫不复。人若没有良好的口才是一件很可悲的事，就如同鸟儿没有羽翼一样举步维艰。

正如西方的格言所说："诗人是先天的，演说家是后天的。"口才并非

是天生的，好口才是训练出来的。因此，年轻人要想尽快地成就事业，就要练就一副悬河之口，同时非下一番苦功夫不可。

100. 训练口才的几个要点

[成功密码]

  要想有效地演讲，首先要克服恐惧心理，培养自信心，做好演讲前的周全准备，同时还需在工作中有效地应用。我们学习任何新事物，像法语、高尔夫球或者当众演说，都不可能一帆风顺。练习演讲时，也是一样。如果你能坚持不懈，相信很快就能战胜一切，包括最初的恐惧。

  口才的练习是一个循序渐进的过程。在训练口才的过程中，我们会遇到诸多困难。唯有克服、战胜这些阻挡我们前进的障碍，我们才能获得好口才的赞誉。

  ① **摆脱自我束缚**

  卡耐基曾向他的学员做过这样一个有趣的测验，测验的题目是："你最害怕的是什么？"结果名列榜首的竟然是"当众演讲"，名列第二的才是"死亡"。有数字显示，有将近一半的人对在公众面前讲话比做其他事情感到恐惧。

  美国著名的心理学家威廉·詹姆斯有这样一段论述："行动似乎产生于感觉之后，但事实上却是与感觉并行的。行动在意念的直接控制之下，通过制约行动，我们也可以间接地制约不受意念直接控制的感觉。因此，假如我们失去了自然的快乐，那么，变得快乐的最佳方法就是快快乐乐地坐着或者说话，好像快乐本来就存在一样。如果这种方法还不能让你快乐，那就没有别的办法了。所以，要让自己感觉很勇敢，就要表现得真的勇敢，运用所有的意念去达到这个目标，那么勇气就很可能会取代恐惧。"因此，年轻人，要想练就好口才,首先要努力冲破当众演讲的心理恐惧的樊笼,摆脱自我束缚,增强自信心,勇敢地踏出第一步,这样提高口才就不是什么难事了。

② 做好适当的准备

美国著名政治家丹尼尔·韦伯斯特说:"如果不做好准备就出现在听众面前,就像是没有穿衣服一样。"卡耐基也曾说:"只有做好充分准备的演讲者,才会拥有自信。这好比上战场却带着不能用的武器,或者不带上半点弹药,又何谈攻城略地呢?"对于练好口才,做好适当的准备是必要的。

畅销书作家约翰·甘德在写一篇关于精神病院的演讲稿中,他亲自走遍了各地的医院,分别和院长、护士,甚至病人进行交谈。在他后来完稿的4篇演讲稿中,不但内容简洁,而且趣味横生,这些文章的用纸不过70克,但是采访的资料和其他装备的资料都超过了9000克。

凡事预则立,不预则废。在正式演讲之前,一定要作好充分准备,如对演讲的听众了解,演讲内容、方式等构思一番,或藏于脑中,或付诸笔端。如此预备妥当,演讲起来,方能顺畅流利,娓娓动人。

③ 必须持之以恒

有一天,一位想学法律的年轻人给林肯写信征求建议。林肯回信说:"如果你下定决心要让自己成为一名律师,这件事就成功一半了……永远记住,要想成功,你的决心比其他任何事情更重要。"

我们学习任何事物,都不可能一帆风顺,都会遭遇波折、突遇障碍,甚至停滞不前。演讲也一样。练习演讲的过程中有时会受到挫折,这个过程可能会持续很长一段时间。对于这些挫折,意志薄弱的人会因绝望而放弃,但是那些意志坚定的人会坚持下去,他们会突然豁然开朗,在不知不觉中,他们取得了重大的进步。

卡耐基说:"只要你坚持不懈,相信很快就能战胜一切。"练习演讲必须持之以恒,唯有如此,你才能冲破重重障碍,最终品尝成功的滋味。

④ 在实践中应用

练习演讲并不是光练不演,你必须时时寻找发言的机会,将平日的练习运用到实战中去，才能继续攀登口头沟通的阶梯，使自己的演讲技巧得到进一步升华。

101. 追求"演"与"讲"的和谐统一

[成功密码]

在演讲和口才中，受训者首先必须将自己投入未来的形象中，然后努力使其成为现实。这是每个人都必须要做到的。

演讲是一门艺术。演讲既要"演"又要"讲"，使视觉形象与听觉形象达到协调统一，实现以理服人，以声动人，以情感人的最佳效果。演讲既不能光"演"不"讲"，也不能光"讲"不"演"。

演讲是演讲者在公众场所，借助有声语言和体态语言的艺术手段，针对某个问题，鲜明、完整地发表意见，抒发情感，从而调动起听众情绪，并引起听众共鸣，并促使其采取行动的一种现实的语言交流活动。

演讲者在演讲过程中自始至终扮演着三个角色：一是创作者，即编写讲话内容；二是指挥者，即如何安排演讲；三是表演者，就是如何去演。一个出色的演讲者会把这三个角色很好地扮演出来。

演讲中的"讲"，就是只有讲才能传达内容，表明观点。但是只有优秀的"演"，才能吸引大家产生共鸣。那么，怎样才能吸引大家、让听众产生共鸣呢？

首先，有"听"，才能够让人去"动"。这就需要演讲者考虑如何编写讲话内容。演讲者要注意两点：一是演讲应具有现实性。演讲内容应该涉及现实，因为演讲属于现实活动范畴，它是演讲家通过对现实的判断和评价，直接向听众公开陈述自己主张和看法的现实活动。二是要塑造讲话的价值。演讲内容要有价值才能吸引听众的注意。三是演讲要有鼓动性。这是因为人们一直在追求真、善、美，演讲者传播了真、善、美，自然会引起共鸣，极易感染和打动听众；演讲者投入感情去引发听众的感情之火，容易达到影响听众的目的。

其次，演讲是现实活动的艺术。它的艺术性在于它具有统一的整体感和协调感，即演讲中的各种因素（语言、声音、表演、形象、时间、环境）形成一种相互依存、相互协调的美感，演讲者的形象、语言、情感、态势以及演讲者的结构、节奏、情节等均能抓住听众。这就要求演讲者学会如何去"演"。

①手的动作

有人说，手是最会说话的。在演讲时，适当配上自然的手势，能够较多吸引听众的注意，增加谈话的气氛，有的手势优美动人，令听众欣喜；有的手势柔和，令听众温暖；有的手势坚决果断，令听众信心百倍。

手的动作，不求多，但求有力度、感染力、影响力。比如丘吉尔的"V"型手势，至今还成为胜利的一个标志。

②脸部表情

脸部表情是最富有情感的表情。正如一位演讲家所说："最精通此道者，莫过于画家了，最能表达这一语言者，莫过于哑剧演员了。"演讲家们很注意控制自己的脸部表情，这也是使他们成为优秀演讲家的一个重要原因。

演讲是一门科学，更是一个工具，是人们交流思想的工具。在现实的演讲活动中，年轻人要想成为一个出色的演讲家，一定要注意：一方面不能只"讲"不"演"，只注重演讲的实用性而忽略了演讲的艺术性，使演讲不伦不类，干巴枯燥，从而削弱演讲的效果。另一方面过分地追求"演"的艺术表演技巧，，冲淡了演讲的现实性、实用性和严肃性，显得非常滑稽，起不到演讲应有的作用。

总之，年轻人在演讲时，一定要追求"演"与"讲"的和谐统一，使演讲更加出色、更富魅力。

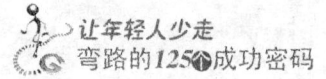

102. 口才速成法

[成功密码]

　　练习说话能力不仅要有刻苦精神，而且还需要掌握一定的练习方法。科学的方法有时可以使练习者达到事半功倍的效果，加速一个人说话能力的形成。当然，这就需要依据一个人的学识、环境、年龄等的不同，练习说话能力的方法也会有所差异，但只要选择最适合自己的方法，加上持之以恒的刻苦训练，那么你就会在通向"会说话专家"的大道上迅速地成长起来。

　　我们知道，口才是一项能力，而能力一定是通过后天训练得来的。训练口才不仅要有刻苦精神，而且还需要掌握一定的练习方法。科学的训练方法有时可以使练习达到事半功倍的效果，使你在通往"会说话"的大道上迅速地成长起来。

　　在这里介绍几种简单、易行、见效快的关于说话能力的训练方法。

　　①**速读法**

　　这里的"读"指的是朗读，是需要用嘴去读的，并不是用眼去看。顾名思义，"速读"也就是快速地朗读。这种训练方法的好处是不受时间、地点的约束，无论在何时、何地，其目的是在于锻炼一个人口齿伶俐、语音准确、吐字清晰。

　　方法：

　　首先，找来一篇演讲稿或是其他优秀的文章；其次，开始练习时，速度应从慢，逐次加快，一次比一次读得快，最后达到你所能达到的最快的速度。

　　注意事项：

　　读的过程中不能有停顿，发音要准确，吐字要清晰，要尽量地达到发声完整。否则，在你加快速度以后，就会让人听不清楚你在说些什么，快也就失去了快的意义。

②背诵法

这里提倡的背诵，一是要"背"，二是要求"诵"。其训练的目的有两个：一是培养记忆能力，二是培养口头表达能力。

一方面，记忆是训练口才必不可少的一种素质。如果没有很好的记忆力，想要培养出会说话的能力是根本不可能的。只有大脑中有了充足的知识储备，你才可能张口即出，滔滔不绝，否则，你再伶牙俐齿也是无济于事。另一个面，"诵"是对表达能力的一种训练。这里的"诵"也就是我们常说的"朗诵"。它要求在准确地把握文章内容的基础上进行声情并茂的表达。

方法：

首先，选一些自己比较喜欢的演讲稿；其次，对这些演讲稿进行"背"的训练。这一阶段，不需要你声情并茂，你要求能达到熟练记忆就行；再次，在背熟文章的基础上进行大声朗诵，并随时注意发声正确与否，而且要带有一定的感情；最后，要用饱满的情感，准确的语言、语调进行背诵。

注意事项：

背诵法，不同于前面所说的速读法。速读法的着眼点主要在"快"上，而背诵法的着眼点则在"准"上。也就是你背的演讲稿一定要有所准确，不能有遗漏或错误的地方，而且在吐字、发音上也必须准确无误。

③练声法

练声也就是练声音、练嗓子。在生活中，年轻人都喜欢听那些饱满圆润、悦耳动听的声音，而不愿听干瘪无力、沙哑干涩的声音。所以锻炼出一副好嗓子，练就一腔悦耳动听的声音，是年轻人必做的工作。

方法：

第一步，先练"气"。气息是人体发声的动力，就像发动机一样，它是发声的基础。气息的大小对发声有着直接的关系。气不足，声音无力，用力过猛，又有损声带。所以我们练声，首先要学会用气。其方法有吸气和呼气。

第二步，练声。人人都知道人类语言的声源是在声带上，也就是人说话的声音是通过气流振动声带而发出来的。其方法，首先先放松声带；其次，需要再在口腔上做一些准备活动，如进行张、闭口的练习等。

注意事项：

练习声音需要做到清晰、圆润，吐字需达到"字正腔圆"的效果。

④模仿法

顾名思义就是模仿一些有专长的演讲家。这样长此以往，年轻人的口语表达能力就能得到提高。

方法：

在生活中找一位口语表达能力强的人，把他们比较精彩的演讲片段录下来，然后进行反复模仿。

注意事项：

特别应该注意他们的声音、语调，他们的神态、动作，并在模仿中有创造，力争在模仿中超过对方。

练就好口才，除了勤加练习外，还必须注重一定的方法，这样才能事半功倍。

103. 打开听众的心扉

[成功密码]

要想有效地演讲，首先要克服恐惧心理，培养自信心，做好演讲前的周全准备。同时，还要赋予语言以生命力，"生命力、热情、活力"是有效演讲所要具有的条件，这样才能有效地打动对方的心扉。

①从听众的利益和兴趣出发

有经验的演讲者，往往能让听众对他感兴趣。听众之所以对他感兴趣，就是因为他的谈话内容与听众自身相关，与听众的兴趣有关，与听众的内容有关，与听众的问题有关。正是这种与听众本身利益及其兴趣相关的内在联系，才使他能够牢牢地抓住听众的注意力，保证他和听众之间的沟通顺利进行。

曾有人问英国的报业巨子诺斯克利夫爵士，什么东西最能激发人们的兴趣？他回答说："就是人自己。"他也正是根据这一单纯的事实，建立起了自己的报业帝国。

卡耐基说："当你面对听众时，如果不考虑听众自我中心的天然倾向，你就会发现自己面对的是一群烦躁不安的听众。他们会局促不安、表现出不耐烦，不时地抬起手看手表，并且渴望离开。"很多年轻人在演讲时，只谈论自己感兴趣或是涉及自身利益的事情，但是听众对这些事情却感到无聊之极，所以他就不能成为一名成功的演讲者。反之，引导别人谈论他们自己的兴趣、他们自己的事业、他们自己的成就，你会发现每个听众都是听话的小孩。

②发自内心地赞美听众

卡耐基说："听众是由单个的人组成的，所以听众的反应亦如个人的反应。如果你敢公然批评听众,必然会导致他们的万丈怒火。如果你对他们所做的值得称赞的事情表示衷心的赞美,你就会赢得通往他们心灵的钥匙。"

赞美是人与人之间必备的交际技巧,赞美的话说得得体,会使你更迷人,更受欢迎。

如著名演讲家德普说:"你必须告诉他们一些关于他们的事,并且一些他们没想到你可能会知道的事。"

在一次关于巴尔的摩的基瓦尼俱乐部发表演讲,但是他找不到关于他们的事,只知道该俱乐部曾有一位出任过国际会长、一位出任过国际董事,于是,他的演讲是这样的:

"巴尔的摩的基瓦尼俱乐部是101898个基瓦尼俱乐部中的一个!"听众听了有些奇怪,大家心中都有着疑问:全球不是只有2897个基瓦尼俱乐部吗?

德普接着说:"各位虽然不相信,但这仍是事实,至少在数学方面是这样。巴尔的摩的基尼俱乐部确实是101898个当中的一个,而不是100000或200000个中的一个。"

"我为什么这么说呢?确实,国际基瓦尼俱乐部只有2897个。但是,巴尔的摩俱乐部过去曾有人担任过国际会长和国际董事。从数学角度看,任何一个基瓦尼俱乐部想同时出任一个国际会长和国际董事的概率是1∶101898。"

于是,他引起了大家的注意。

人人都爱听赞颂之辞。因此,发自内心的赞美会使他们很注意听,同时,也会使演讲者被认作是一个和蔼可亲的人而被听众接受。

③建立与听众沟通的桥梁

演讲由三大要素构成:演讲者、演讲的内容和听众。如果说演讲题材非常有趣味而且有价值,那么演讲成功了1/3,但这不是真正的演讲。高明的演讲者总是把自己和听众联系起来,演讲才算真正成功。

卡耐基提出三种方法来建立与听众沟通的桥梁:

(1) 演讲时，要尽早指出你和听众之间存在某种直接关系。

(2) 提到听众的名字。

(3) 演讲时尽量使用第二人称代词"你"，而不要使用第三人称"他"，这样可以让听众保持一种亲自参与的感觉。

④用激情点燃听众的心灵

哲学家弗里德里希·尼采有句名言："对语言的理解不仅仅限于词句，而是连同语句的声音、强度、变化、速度一并表达出来。简而言之，就是言语背后的音乐，就是发自内心的激情。"将激情注入到演讲中去，演讲者将乐在其中。

在众多成功演讲的案例中，起决定作用的是演讲者的激情。只要演讲者保持旺盛的精力就会点燃现场的气氛，会变得很有吸引力和号召力。

如丘吉尔在1940年的《热血、汗水和眼泪》中激情的演讲深深打动了全国人民的心，提高了全国人民的士气：

"……

我精神振奋、满怀信心地承担起我的任务。我确信，大家联合起来，我们的事业就不会遭到挫败。在此时此刻的危急关头，我觉得我有权要求各方面的支持。我要说：'来吧，让我们群策群力，并肩前进！'"

⑤鼓励听众共同参与

帕西·H. 华庭在《如何在演讲和写作中运用幽默》中提出了一些如何让听众参与演讲的建议，他建议让听众对一些事情进行表决，邀请他们共同解决问题。他说："确保自己的思想是正确的，正确的思想会让演讲不像在背诵，它可以引起听众的反应，把听众变成企业的伙伴。"

年轻人在演讲中，你是否想过用怎样的技巧才能让听众紧跟着你的思路前进呢？如果你在演讲时，让听众来协助你展示某个观点，或是把你的观点戏剧化地表现出来，那么听众的注意力就会明显地提升。

有关演讲者为了说明汽车在刹车后，还必须前进多长的距离才能停下来，特意请了前排一位听众出来，帮他展示汽车在不同速度下的距离有什么不同。这个听众拿着钢卷尺的一端，沿着走道把它拉长到45尺。

就在这位听众演示的过程中，其他听众也都全神贯注。那条钢卷尺除了能生动地展示演讲者的论点外，还成了听众与演讲者之间一座沟通的桥梁。

让观众来协助你展示某个观点，让听众被演讲者带入"表演"中时，其他听众会敏锐地注意所发生的事，这样更能吸引听众。很多成功的演讲者认为，在台上的人和台下的人之间有一堵墙，而你若能利用听众的共同参与，就可以推倒这堵无形的墙。

⑥保持谦虚谨慎的态度

卡耐基曾对那些傲慢的人作了一番风趣的劝解："你有什么可以炫耀的吗？你知道是什么东西使你没有变成白痴吗？其实不是什么大不了的东西，只不过你是甲状腺中的碘罢了，价值才五分钱。如果医生割开你颈部的甲状腺，取出一点点的碘，你就会变成一个白痴。五分钱就可以在街角药房中买到一点点碘，是使你没有住在疯人院的东西。价值五分钱的东西，有什么好谈的？"

演讲者在演讲时，面对听众一定要真诚、谦逊，这样才能赢得听众的好感。

第十三章

转化不利因子

——困难是成功的"发动机"

104. 困难并不意味着不幸

[成功密码]

　　一个人一生的成长实则是堆砌在困难上的，我们只要看一看周围的那些成功人士，就能发现他们今日的开怀一笑，其实都是越过重重困难、消除种种忧虑之后所发出的一种坦然面世的心境。他们能够将困境踩在脚下一步步走过来，那么年轻的你又是否能够像他们一样如此呢？

　　作家雪莱曾经以诗的语言说道："最为不幸的人被苦难抚育成了诗人，他们从苦难中学到的东西用诗歌教给别人。"苦难就像是上帝给予人生的另一种恩赐，它磨炼和美化人的个性，教给人以耐心和服从，提升出最深邃和最高尚的思想。但是接受困难、承受事实，其实并非一件很容易的事，克服了的人就能重新冲出重围，获得成功。

　　卡耐基在他的训练课上，他讲了一个有关他最佩服人的故事。

　　卡耐基对学员说："我一生最佩服的人叫鲍迪奇，他一生战胜了很多逆境，最终成为了一个为世界作出了伟大贡献的人。"

　　卡耐基停顿了一会儿，继续说道，"纳塞尼尔·鲍迪奇出生于1733年，活了65岁。他从10岁开始就自学拉丁文，研究牛顿数学理论。21岁时，纳塞尼尔·鲍迪奇已经成为了当地有名的数学家。此后，他出海研究航海知识，还教会了所有船员如何通过观察月亮以便确定航海的位置。他因此出版了一本有关航海的书，成为了航海家。"

　　卡耐基接着问他的学生："他在那些没有受过多少教育的人中，是不是很伟大？"

　　"当然，"他自己做了回答，"因为对于纳塞尼尔·鲍迪奇来说，他根本不知道什么是困难。他并没有想到大学教育是成为科学家的首要条件，

第十三章 转化不利因子——困难是成功的"发动机"

而是坚韧不拔地勇往直前，获取一切必要的知识，在纳塞尼尔·鲍迪奇的字典里，'困难'这个词根本找不到。"

俗话说："人生不如意之事常十之八九。"人的一生不可能不遇到困难。困难对于强者，是一块垫脚石，对于弱者，它却是一块绊脚石。强者在面临困难时，他们无所畏惧，百折不挠，将困难视为生活的一种考验，并使之转化为一种积极有利的因素；而那些弱者在遇到困难时，首先就会畏惧退缩，为之折服，并且抱怨，他们把困难当做是一种无法逾越的障碍，甚至是人生的一种不幸，使得人生平淡无奇。

萧伯纳十分鄙视那些总是抱怨环境阻碍的人。他说："人们时常抱怨自己的环境不利，因此使他们没有什么成就。我是不相信这种说法的，假如你得不到你所想要的环境，你可以创造出一个来！"

困难可以成就一生，也可让人消磨一生。勇者会因为"英勇地面对所有的不幸"而深邃、坚强、获益……

罗伊·L. 史密斯曾经在传记《圆满的一生——死神门前的徘徊》中写了这样一个故事：

有一个叫艾莫·何姆斯孩子，出生在俄亥俄州的一个乡村里，曾有一个乡村医生断定说："这孩子不可能活下来。"

显然他说错了，艾莫·何姆斯忍受着生命中不断遭受折磨的痛苦，承载着他受到严重伤害的右肺，他活下来了。

他虽无法干重活，但他转向了文学。1891年，28岁的他成为卫理公会的牧师。两次旧病的发作都没有使他丧失活下去的勇气。

巧克力制造商约翰·S. 胡伊勒开始关注他，向他提供金钱来帮助他治疗。几个月以后，这个被认定必死的人就离开了疗养院。

艾莫·何姆斯又来到教堂，通过传道筹集基金，来资助各大学和医院，作为"单肺牧师"的他筹募了300多万美元。到69岁他隐退时，他已经传道1000多次，写了2本书，为宗教和慈善机构筹募了50万美元，成为20个机构的董事，他自己也曾捐款5万美元在加州大学附近建了一座教堂。

艾莫·何姆斯从来没想过什么是"困难",而是勇敢地去面对它、接受它,然后加以克服。那些伟大和成功的人通常也都是能够克服困难的人,他们往往是在与别人共处逆境时,别人失去了信心,他们却下决心实现自己的目标。

歌德说:"让珊瑚远离惊涛骇浪的侵蚀吗?那无疑是将它们的美丽葬送。一张小红脸体味辛苦所留下来的东西!苦难的过去就是甘美的到来。"不登高山,不显平地。人生真正的圆满,并不是平静、乏味的幸福,而是勇敢地面对生活中的不幸。年轻人,如果你想走向更加精彩的人生,请记住:不要在乎困难,或许它是一种幸运的开端。

105. 与"难"共舞

[成功密码]

一旦我们在困难面前想找别人帮忙时,就对自己说,我一定可以自己解决。不要想着逃避,那只是在愚弄自己。自己采取行动解决它,就已经开始走上成功之路了。

人生是一条奔腾不息的河流,河中有险滩,也有暗礁。人的一生中,谁也不会平平坦坦,总会遭遇坎坷、挫折、困难……

假如没有磨难,其本身就是一种灾难。温室里开不出娇艳欲滴的花朵,马厩里养不出千里良驹。受得住风霜,才能结出丰硕的果实。

有位著名学者写过这样一个故事:

有一年上帝看见农夫种的麦子获得了大丰收,感到十分开心,就向农夫祝贺收成。农夫见到上帝却说:"上帝啊,这么多年来我没有一天不在祈祷,祈祷年年不要有风暴、雨雪,不要有干旱、虫灾。可无论我怎样祈祷总不能如愿。"

农夫突然匍匐在地，吻着上帝的脚道："全能的主啊！您可不可以明年允诺我的请求，只要一年的时间，不要大风雨、不要烈日干旱、不要有虫灾？"上帝说："好吧，明年一定如你所愿。"

第二年，果然没有狂风暴雨、烈日与虫灾，农夫的田里果然结出许多麦穗，比往年的多了一倍，农夫兴奋不已。可等到秋天的时候，农夫发现麦穗全是瘪瘪的，没有什么好籽粒，收成居然还没有往年收成的一半多。农夫含泪问上帝："这究竟是怎么回事？"上帝告诉他："因为你的麦穗避开了所有的考验，才变成这样。"

一粒麦穗，尚离不开风霜、雨雪、烈日、虫灾等灾难的考验，对于一个人而言更是如此。"苦难"是上帝馈赠给人类最后的礼物。一个人只有经历了磨难，才能结出最好的果实。

在人生的道路上出现一些坎坷、遇到一些逆境、碰到一些困难、遇到一些失败，是难免的事情。如果你将它看成是人生的一块垫脚石、激励你前进的助推器，拥抱它、战胜它，那么，终有百炼成金的那一天。

苦难是我们人生路上的一道风景。对于强者是蓝天白云，对于弱者却是万丈深渊。年轻人在通往成功的道路上，你们应坚强面对苦难，带着苦难上路，去开创不一样的人生风景。

肯德基品牌的创造者直到65岁才开始实现自己的梦想。他的创业之路并不是一帆风顺，可以说是困难一直与他相随，一直跟他"较劲"。

他当时穷困潦倒，靠社会救济金生活，他没有抱怨社会，而是思考自己可以做什么令他受益的事情。他想到卖炸鸡秘方，还教餐厅烹制炸鸡的方法。他走街串巷，向每一家餐馆老板宣传，花了两年的时间跑遍了全美国，他遭到了1009次拒绝，最后才获得成功。

两年时间，1009次拒绝，试想一下，有谁能经受这样的打击？相反，面对一次次挫折、困难，他没有被击倒，而是越战越勇。困难成就了他，也让世界记住了他，让人们认识、记住了肯德基。

苦难是一笔财富；苦难是成功的钥匙；苦难是一朵永不凋谢的花，没有苦难，人生就不完美。苦难是考验器，让强者更强，弱者更弱；苦难是英雄的营养，他们把苦难当做历练的基石，在困难中成就人生；苦难是中转站，人必须经过了苦难才会变得成熟稳重；苦难是朋友，愿年轻人与它一生相随。

漫漫人生路，总是挫折相随、困难相伴。拿破仑曾说："最困难之时，就是离成功不远之日。"年轻人学会面对困难，也是生命的一种馈赠，因为人们真正的奋起，往往始于挫折之后。

106. 打击与挫折是成功的垫脚石

[成功密码]

打击与挫折本来就是成功的垫脚石，希望我们能够好好研究并加以运用，这样对我们的成功有很大的好处。

考门夫人的《荒漠甘泉》中讲了这样一个故事：

她看见一只蛾长时间痛苦地挣扎着要从茧上面的一个小孔挤出来，她对这只蛾心生怜悯，于是把孔割大，以减轻它的痛苦。结果，蛾却死了。不经过从小孔挤出来的这个艰难的过程，蛹就不能消耗掉体内过多的油脂，从而化作一只可以自由飞舞的蛾。对一个生物的成长、成熟以及蜕变来说，痛苦挣扎的过程必不可少。

生物如此，其实人也一样。我们的成长其实也离不开打击和挫败。因为最贵重的雕刻往往受凿的打击也最多；最精美的宝石受匠人折磨的时间最长。要想获得成功，你必须首先学会面对打击和挫败，只有不断地战胜眼前的挫折和困难，才能使我们在成长的道路上越走越好，越走越远。

第十三章 转化不利因子——困难是成功的"发动机"

奥地利音乐神童莫扎特在他 15 岁那年，为了抓紧时间创作一首曲子，连续三晚他都在寒冬中伏案创作，手冻僵了，呵一口热气暖暖。但后来，他的曲子被淘汰了，他的希望瞬间变成了泡影。但他并没有在挫折面前低头，还是一如既往地在音乐事业上下苦功。最终，他终于在世人的敬仰与羡慕中成就了他一生的辉煌，在历史的篇章中熠熠生辉。

另一则故事：

我们对电灯的使用评价甚高，可谁又能明白电灯的发明者爱迪生，经历了多少苦难、失败与挫折。

他在发明电灯时，做了一次又一次的试验。在每一次试验失败后，他总结经验，又投入到下一次的试验中，反反复复，直到成功为止。

莫扎特、爱迪生，他们的青春年华可以说是在挫折和失败中度过的。但也正因为有了这些失败的教训，他们才有了精彩的人生。

罗曼·罗兰说："失败对我们是有好处的。我们得祝福灾难，我们是灾难之子。"在成长的路上，总会有打击和挫折相随。但请你记住，挫折和打击是上帝给你的一份特殊的礼物，他的使命是让你不断坚强、不断成长，而且只有经过了打击和挫败的洗礼，我们才会懂得如何奋力地撑着那只在逆水中行驶的独木舟，才懂得戒骄戒躁、精益求精，才懂得在谷底中再次站起来去迎接更多的挑战。

年轻人，不要再因摔过跤而不敢奔跑，不要再因风雨而诅咒生活，不要再因迷了路而忽视了自然风光。只有一步步克服挫折、挑战挫折、享受挫折，才能找到生活的闪光点，享受成长中每一面的精彩。

在坎坷的人生道路上，我们应为在人生道路中遇到的各种挫折和打击而喝彩。正如巴尔扎克所说："挫折就像一块石头，对于弱者来说是绊脚石，让你却步不前，而对强者来说是垫脚石，使你站得更高。"打击和挫败让我们学会了坚强、懂得了坚持。打击和挫败陪伴我们成长，让我们的生活更加精彩。

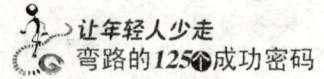

107. 我"失"故我在

[成功密码]

如果不知道失败是什么,你永远都不会知道怎样才能成功。因此,如果你根本不想失败,那你最好什么也不要做。从失败中培养成功,障碍与失败是通往成功的两块最稳靠的垫脚石。

"失败是什么?没有什么,只是更走近成功一步;成功是什么?就是走过了所有通向失败的路,只剩下一条路,那就是成功的路。"一位哲人说。爱迪生说:"失败也是我所需要的,它和成功对我一样有价值。只有在我知道一切做不好的方法以后,我才知道做好一件工作的方法是什么。"

成功,是世界上任何人都羡慕的;失败,是世界上任何人都害怕和讨厌的。然而,凡事成功只是人们美好的愿意,在我们前进的道路上,挫折和失败都在所难免。但是,正因为有了失败的眷顾,才铸就了我们的成功。正如菲里浦斯所说:"什么叫做失败?失败是到达较佳境地的第一步。"

爱迪生一生有1000多种发明,可失败了上万次,在制造电灯时,爱迪生就失败了1340次。爱因斯坦制作小板凳,一次又一次地失败。居里夫人是法国的物理学家、化学家、世界著名的科学家,研究放射现象,发现镭和钋两种天然放射性元素。一生两度获得诺贝尔奖。在研究的过程中,她和她的丈夫用了三年零九个月才从成吨的矿渣中提炼出了0.1克镭。研究过程中,他们也经历了许多次失败,但是她和她的丈夫并没有放弃,经过不断努力,最后取得了成功。

失败乃成功之母。综观历史,大凡成就者无一不是从失败中获益,从而踢开失败这块绊脚石,踏上了成功的大道。

失败是一种回馈，是一种对心灵的洗礼。它告诉你，你的方法无效；它促使你，获取新的经验；它监督你，让你越来越进步。先一步失败，才能早一步成功。没有失败，只有停止成功。

19世纪法国闻名的科幻小说家儒勒·凡尔纳第一部作品《气球上的五星期》一连投了15家出版社，均不被赏识，第16次投稿才被接受。美国作家杰克·伦敦最初投稿，也没有一家出版社愿意发表，以致他不得不去干苦力。后来他的《北方故事》才由一家有眼力的《西洋月刊》看中，一举成名。丹麦闻名童话家安徒生处女作问世，有人知道他是一个鞋匠的儿子，即攻击他的作品"别字连篇"、"不懂文法"、"不懂修辞"。但他毫不气馁，笔耕不辍，终于成名。英国诗人拜伦19岁时写作的《闲散的时光》出版后，即有人把他骂得"狗血淋头"，说他"把感情抒发在一片死气沉沉的沼泽上"。然而拜伦并未退却，而是以更为优秀的诗作反敬那个诽谤者。

曾有位哲人说过："失败留给你的一切，请细加回味，失败一经过去，成功即可到来！"在漫长的人生旅途中充满了种种荆棘，往往使人痛不欲生。面对失败，我们不应放大痛苦而一蹶不振，也不应放大痛苦而志气消沉，更不应放大痛苦而葬身于万劫不复的深渊……面对失败，我们绝不能屈从于失败的侵袭，而应从失败中获益，从勤奋中崛起，直至成功的一天。

108. 永不灭绝的希望

[成功密码]

希望，它是点燃温暖、驱走黑暗的烛火；它是人类生命与快乐的源泉。它使濒临死亡的人看到了生存；使屡遭挫折的人看到了成功；使身处绝境的人看到了力挽狂澜的可能；使身处黑暗的人看到了光明。

柯罗连科的《火光》中说到：

"虽然火光很远，但这是希望，她可以驱散黑暗，闪闪发亮，近在眼前，令人神往！你会加快步伐朝这光芒前进！虽然生活之河仍然在那阴森森的两岸之间流着，而火光也依旧非常遥远。然而，火光啊……毕竟……毕竟在前头！……希望之光就在前面！我们要积极向前，毕竟火光就在前面，这只是黎明前的黑暗，总会过的！"

希望是失败者对成功的一种渴求；希望是寒冬对春的一种向往；希望是优美动听的歌，希望是绮丽无比的小诗；希望是热情之母，它孕育着荣誉，孕育着力量，孕育着生命。若有了希望，便有了前进的动力，有了战胜困难的勇气，有了奋勇拼搏的力量。年轻人，只要心中有希望，就必定能成功。

当"千古一帝"亚历山大把所有的战利品都分给部下的时候，有人问他给自己留下了什么？

亚历山大回答："希望，只有希望。"

古往今来，许多成功者，之所以能破釜沉舟、一往无前，正是缘于此。"希望"，是我们心中不灭的灯！它让人在寒冬里感到温暖，在失落中有了依靠，在迷宫中找到出口，在茫然中找到目标。

一队人马在没有人烟的沙漠中艰难地跋涉，他们已经在沙漠里走了很久。太阳不客气地释放着光和热，他们随身带的水已经不多了，随时都会有生命危险。走了长长的一段路后，大家都走不动了。这时，领队的老人从自己的背上解下一只水桶，对大家说："现在只剩下一桶水了，我们要等到最后一刻再喝，不然大家都会没命的。"

于是，他们继续无比艰难的旅程，而那桶水成为了他们心中唯一的希望。望着那沉甸甸的水桶，每个身体疲惫的人心中都有了一种对生命的信念：一定要坚持到旅程的最后一刻。但是，天气太炎热了，一个小伙子实在撑不下去了，他向老人乞求："老伯，让我喝口水吧。"老人生气地回答："不行，这水要等到最艰难的时候才能喝，你现在还可以坚持一会儿。"就这样，老人坚决地回绝了每一个想喝水的人。

第十三章　转化不利因子——困难是成功的"发动机"

眼看到了黄昏，大家发现领队的老人已经不见了，只有那个水桶孤零零地躺在前面的沙漠中，在沙地上写着一行字："我不行了，你们带上这桶水走吧，要记住，在走出沙漠之前，谁也不能喝这桶水，这是我最后的命令。"

大家抑制住内心的悲痛，继续向前出发了，而那只沉甸甸的水桶在每个人手里依次传递着，谁也舍不得喝上一口，因为他们清楚这是老人用自己的生命换来的。终于，他们走出了沙漠。喜极而泣之余，他们想到老人留下的那桶水，然而，打开了桶盖，却从里面流出了沙子。

人生就如同行走在无边无际的沙漠里，充满惊心、黑暗和险恶。但我们心中只要拥有了希望，并可战胜一切。人生在世，总要有所希望，没有希望的心田，是寸草不生的荒地，有了希望，前方便是鸟语花香、郁郁葱葱了。

希望，它是点燃温暖、驱走黑暗的烛火；它是人类生命与快乐的源泉。它使濒临死亡的人看到了生存；使屡遭挫折的人看到了成功；使身处绝境的人看到了力挽狂澜的可能；使身处黑暗的人看到了光明。总之，人生可以没有许多东西，唯独有一样是不可能缺少的，那就是希望。有了它，生命才能焕发勃勃生机；没了它，生命只会日渐萎缩。正如魏尔伦说："希望犹如日光，两者皆以光明取胜。前者是荒芜之心的神圣美梦，后者使泥水浮现耀眼的金光。"

因此，年轻人在漫漫的人生道路上，何不以希望为翼，以理想为导航，飞向成功的怀抱呢？

109. 最大的敌人是自己

[成功密码]

最大的敌人，可能是我们自己。所有的胜利，与征服自己的胜利比起来，都微不足道；所有的失败，与失去自己的失败比起来，更微不足道。

拿破仑说："我最大的敌人就是我自己。"一生中，我们可能战胜过很多人，可我们却经常败给自己。

林肯讲述了自己幼年时的一件事：

"我父亲以较低的价格买下了西雅图的一处农场，地上有很多石头。有一天，母亲建议把石头搬走。父亲说，如果可以搬走的话，原来的农场主早就搬走了，也不会把地卖给我们了。那些石头都是一座座小山头，与大山连着。有一年父亲进城买马，母亲带我们在农场劳动。母亲说，让我们把这些碍事的石头搬走，好吗？于是我们开始挖那一块块石头，结果不长时间就把它们都搬走了，因为它们并不是父亲想象的小山头，而是一块块孤零零的石块，只要往下挖一英尺，就可以把它们晃动。"

的确，人的一生，总有一位敌人常伴左右。它带来疲惫、懈怠与懒惰。它让我们被懒惰侵蚀，只能在安逸的港湾里恍惚度日；它让我们被自卑左右，丧失向美好目标奋进的勇气；它让我们被"不可能"支配，失去了欣赏前方美好风景的机会。它影响着我们的每一个决定，影响着我们的成败。

因此，想要成功，年轻人必须战胜你自己。战胜自己，人生将进入一个崭新的篇章。贝多芬双耳失聪，却战胜困难，战胜自己的悲痛，奏出了名传千古的乐章；海伦·凯勒双目失明，却用手指抚摸感受自然，形成了对自然和生命的独特见解；保尔·柯察金战胜自己，锻炼出了他钢铁般的

第十三章 转化不利因子 ——困难是成功的"发动机"

意志。

人,最大的对手就是自己。相信自己,"天生我材必有用";看重自己,"万紫千红总是春";激励自己,"直挂云帆济沧海";战胜自己,"无限风光在险峰"……

著名的登山家罗塞尔,有一次在没有携带氧气设备的情况下,登上了海拔高达6000米的山峰。但是到此,他却无法前进了,因为这里空气极为稀薄,几乎让人感到窒息,这是许多运动员都会遇到的情况。

塞罗尔说,在登到海拔6000米的时候,他内心就会翻腾各种各样的杂念,在极为困难的情况下,你的潜意识会莫名地发出"何时才能到达山峰"的信号,这个时候,人顿时会浑身乏力、失去信心。于是,他就失去了一次创造纪录的机会。事后,罗塞尔才知道,他离成功仅差不到一公里的路程,阻碍他成功的并非是空气太稀薄,而是他内心的诱惑和杂念。

过了几个月后,罗塞尔又一次登上海拔6000米处,就在他无法继续前进的时候,他不停地对自己说:"离最高峰越来越近了。"潜意识也发出了"我这次一定能突破自己之前的纪录"的信号。于是,他浑身充满了力量,最终他实现了自己的目标。

在生活中,很多年轻人之所以一事无成,大多数是由于自己内心作怪。要想成功,就必须先超越自己,战胜自己的意识、信心和外界一切压力。俗话说:"胜人者力,胜己者强。"人的一生有四个敌人:一是比自己弱的敌人;二是与自己实力相当的敌人;三是比自己强的敌人。如果前三个你都战胜了的话,那么你是成功的,但是别忘了,还有你自己。人只有战胜了自己,人生才会达到最高的境界。

人生最大的敌人是自己。只有战胜自己,我们才能沐浴阳光、雨露,使自己迎着暴风骤雨茁壮成长。正如一位作家所说:"自己把自己说服了,是一种理智的胜利;自己被自己感动了,是一种心灵的升华;自己把自己征服了,是一种人生的成熟;但凡说服了、感动了、征服了自己的人,就有力量去征服一切的挫折、痛苦和不幸!"

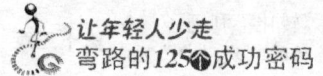

110. 品味磨难中的芳香

[成功密码]

漫漫的人生之路上，往往不是一帆风顺的，在这条道路上充满艰辛，为此，我们只有品味困难带给我们的芳香，最终才能达到自己的目标。

生活中，磨难并不可怕。对于智者来说，它更像是成功路上的投资。它教会我们如何寻求经验和教训，如何更好地获得成功。为此，年轻人，在你们前进的道路上，如果你们遇到了挫折、困难，千万不要哀怨、痛苦、抱怨，要懂得感恩，最终才能获得成功。

从前，在阿拉斯加山上，有两块形状差不多的石头。它们共同在山上待着。但是，五年后，它们的命运有了天壤之别。其中，一块石头脱胎换骨，被搬到了公司，让人们观赏；而另一块石头还是默默地躺在原地，让人践踏。

看到如此巨大的落差，那块被人践踏的石头，心中很是不满，就问到："老弟，四年前，咱们还同为一座山上的石头，今天为何有如此大的差距呢？"

另一块石头回答道："老兄，你不知道啊，在四年前，一位雕刻师来到我们这里，我们俩都请求能把我们雕成艺术品，但是他刚刚在你身上动了几刀，你就怕痛而不让他动了。而我，那个时候只想着我未来的模样，所以根本不在乎刻在我身上的一刀刀的痛苦，就坚强地忍耐下来了。为此，我们的命运就发生了如此大的改变，我忍受了千刀万剐之苦最终才成为了一尊供人欣赏的艺术品，而你却因为无法忍受雕刻之苦，最终成为一块废石，人们只会拿你当垫脚石了。"

转化不利因子
——困难是成功的"发动机" 第十三章

同样的两块石头,一块愿意品味磨难中的芳香,最终受到了万人崇拜;而另一块石头,不愿意承受困难,最后只能受人践踏、痛苦一生。

同样地,人要想获得发展、获得成功,就必须要经历一些磨难,除非你想一生碌碌无为。

一位哲人说:"一个人在饱受折磨的背后隐藏着未来的成功,折磨也是人生所需要的,它和成功一样有价值。"困难对于有志者来说是一笔宝贵的财富。磨难是通往成功的必经之路,如果人生没有了逆境和挫折,就会失去进取的动力。

著名画家米勒的成功与磨难是分不开的。

米勒年轻的时候曾经跟随画家德拉罗什学画。当时画室里的同学都瞧不起他,嫌弃他穿着土气,而且还因为米勒反对当时学院派一些人认为高贵的绘画必须要表现极为高贵人物的观念,最终导致老师的排斥,还经常批判他。

不久以后,米勒离开了他的老师德拉罗什。不幸的是,这个时候,他的妻子去世了。于是,他只能孤身漂泊在巴黎。为了维持最基本的生活,他不得不用素描去换取鞋子,还用油画去换取住宿费。为了维持最基本的生存,他一下子陷入了贫困和绝望的深渊。

在1849年,当时的巴黎流行黑热病,米勒无奈之下,就带着家人迁居到巴黎郊外的枫丹白露附近的巴比松村,当时他已经35岁了。农村条件极其恶劣,米勒依然过着极为贫困的生活,但是美丽的大自然与淳朴的农民以及农家生活激起了他的创作灵感和创作激情。他创作出了许多著名的作品,比如《播种者》、《拾穗者》等,这些作品主要以描绘农民的劳动与生活为主,具有十分浓郁的农村生活气息。

米勒为此被称为"农民画家",成为当时法国最著名的以表现农民题材而著称的现实主义画家。可以说,正是诸多磨难磨砺了米勒的意志,让他达到了生命的高度,取得了辉煌的成就。

磨难是成功的入场券。正因为磨难,我们的生命才变得更为坚强、更为美丽，就如同每一只翩翩飞舞的美丽蝴蝶，只有经过苦难的磨炼后，才能在空中翩然起舞。

　　奥斯特洛夫斯基说过："人的生命，似洪水在奔流，不遇着岛屿、暗礁，就难以激起美丽的浪花。"漫漫的人生之路上，往往也不是一帆风顺的，这条道路上充满艰辛。为此，我们只有品味困难带给我们的芳香，最终才能达到自己的目标。

第十四章

不断完善自己

——自我是成功的"品牌"

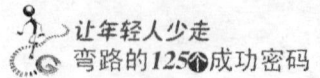

111. 认识你自己

[成功密码]

　　我们要牢固树立自信意识和成功心理，仅仅出于良好的愿望是不够的。指望某件事情成功也是靠不住的。最可靠的基础是认识自我，只有自己对自己了解，才知道自己能做到什么，为做好自己要做的事情而去找到自信，那么成功也就更加成竹在胸了。

　　有人问泰勒斯："什么是最困难的事？"

　　他回答到："认识你自己。"

　　人们又问："什么是最容易的事？"

　　他回答："给别人提建议。"

　　"认识你自己。"这是刻在希腊圣城特尔斐圣殿上的著名箴言，犹如一把千年不熄的火炬，表达了人类与生俱来的内在要求和至高无上的思考命题。卢梭称这一碑铭为"比伦理学家们的一切巨著都更为重要、更为深奥。"显然，正视自己是至关重要的，而现实生活中，能正确地认识自己是很不容易做到的。

　　一位登山队员，参加攀登珠穆朗玛峰活动时，因为体力不支，在登到8000米高度时，便停了下来。后来他向人讲起这件事时，人们都替他惋惜：为什么不坚持下去？为什么不再攀高一点？为什么不咬紧牙关？

　　"不，"登山队员坚定地说，"我自己最清楚，8000米是我能攀登的最高点，我一点也不遗憾。"

　　另一个故事：

　　凯勒丰是与苏格拉底是相知极深的朋友。有一天，他特意跑到特尔斐神庙，向神请教一个问题：世上到底还有谁比苏格拉底更聪明？

神谕曰：没有谁比苏格拉底更聪明。

凯勒丰高兴地向苏格拉底展示了神谕的内容，可是他从苏格拉底脸上看到的却是茫然和不安。

苏格拉底不认为他是最聪明、最有智慧的人。于是，苏格拉底要寻找一位智慧、声望超过他的人，以反证神谕的不成立。

他首先找到一位政治家。政治家以知识渊博自居，和苏格拉底侃侃而谈。苏格拉底从中看清了政治家自以为是其实是无知的真面孔。他想，这个人虽然不知道善与美，却自以为无所不知，我却认识到自己的无知，看来我似乎比他聪明一点。

苏格拉底还不满足，依然继续着他的求证。他找到了一位诗人，发现诗人吟诗做赋全是出于天赋，而诗人自以为能诌几句酸诗便可以目空一切。

接下来，苏格拉底又向一位工匠讨教，想不到工匠竟重蹈诗人的覆辙。因一技在手便以为无所不能，这种狂妄反而消弭了他所固有的智慧之光。

最终，苏格拉底悟出了神谕：神并非说苏格拉底最有智慧，而是以此警醒世人——你们之中，唯有苏格拉底这样的人最有智慧，因为他自知其无知。

人世匆匆，自以为是的人大有人在。有几人能像苏格拉底那样虔诚地求证自己的无知呢？

通过上述故事，我们可以得出：

(1) 在现实生活中，人是很难有自知之明的。

(2) 审视自己、认识自我，是一种能力、一种品德，更是一种高贵的人格境界。

(3) 认识自己，才能做出正确的选择，获得成功。

(4) 不断审视自己、剖析自己、认识自己，因为你眼中的自己决定了自己的命运，而能够自知之人才有一个光明的前途。

(5) 成功源于自信，而自信源于对自己的了解。

(6) 正确认识自己，找准自己的位置并正确定位，是开启成功之门的钥匙。

认识自己，是走向成功的第一步，是发展自己智力走向理性的基础；认识自己，是人认识世界的前提条件；认识自己，才能不断完善自己、充实自己，走向成熟；认识自己，便打开了通往外部世界的大门。

小草认识自己，所以甘愿弱小，在树荫下装点大地；鲜花认识自己，所以它情愿娇嫩，在枝头释放美丽；雨露认识自己，所以放弃情愿高高在上的位置，在土壤中滋润万物。

莱布尼兹说："世界上没有两片相同的树叶。"人一生下来就是独特的、与众不同的。大千世界中只有正确认识自己，才能找准位置，书写属于自己的辉煌。

112. 每天给自己打气

[成功密码]

每天给自己打气，是不是很愚蠢、幼稚或肤浅？刚好相反，这是深刻的心理本质。

人的一生不会永远一帆风顺，总有跌倒、碰壁的时候。当我们的人生处于低谷时，谁来鼓励、支持你，为你打气呢？

人们总是习惯性地期待和领受来自别人的鼓励和赞赏。一个肯定的眼神，一句激励的话，往往会令人勇气倍增。诚然，期待来自别人的鼓励未尝不可，但何不试着自己为自己加油打气呢？你会发现，来自自我的肯定，可以提供强大的内驱力；来自自我的鼓励，更能够提供源源不断的勇气和信心。

西点军校训条中说："任何时候，都要自己给自己打气，确信自己的看法。假如具有这种观念，任何事情十之八九都能成功。"自己给自己打气——我想我可以，我可以坚持下去，便能将一切困难、挫折扼杀在你坚决的信念中。

一次，拿破仑军队被困，必须穿过阿尔卑斯山脉才会有生机。

当拿破仑提出要跨过阿尔卑斯山脉时，英国人和奥地利人都轻蔑地报以无声的冷笑，因为那是一个从未有过任何车轮辗过、也从未有过车轮能够从那辗过的地方，更何况他还率领着7万人的军队，拉着笨重的大炮，带着成吨的炮弹和装备，还有大量的战备物资和弹药。

然而，这些所谓的困难，并没有阻止拿破仑前进的步伐，他每天给自己打气，就在被困的马塞尔将军在热那亚陷入疾困交加的绝境时，拿破仑的军队犹如天兵一样，将所有的困难都踩在脚下，安全地到达了预定的目的地。

一向认为能够胜利的奥地利人不禁目瞪口呆，军心大乱，他们几乎不敢相信，一个不到1.60米的小个子竟然能征服那个高不可攀的伟大山峰。

每天给自己打气，能带来无穷的力量；每天给自己打气，就有勇气战胜一切困难。每天给自己打气，能让自己在困难面前冷静，是心灵的一次成熟，是内心的一次完善，正如卡耐基所说："每天给自己打气，是不是很愚蠢、幼稚或肤浅？刚好相反，这是深刻的心理本质。"

罗杰·史密斯在进入通用公司之前，只是一个名不见经传的小小财务。但生活中，他总是坚信自己未来一定会有一番作为。

罗杰·史密斯初次去通用公司面试时，虽然当时人们都不看好他，但是他却获得成功。刚开始，公司只有一个职位空缺，而面试人员告诉他，这样的工作非常艰苦，对于一个新人来说相当困难，你可能胜任不了。

但是，罗杰·史密斯并没有灰心，反而他信心十足地告诉面试官：

"工作再怎么困难,我都能胜任,不信的话,我干给你们看。"

在进入通用公司一段时间后,工作确实很艰苦,但罗杰·史密斯每次都给自己打气,他告诉他的同事们:"不久的将来,我想我会成为通用公司的董事长。"

当时,他的同事们都不以为然,甚至还经常嘲笑他,说他不自量力,有很多人相互之间调侃说:"罗杰·史密斯将成为我们未来的董事长了。"

令这些同事没有想到的是,若干年后,罗杰·史密斯真的成为了世界最大的"商业帝国"通用公司的董事长。

为自己打气,告诉自己是一个乐观向上、自信进取的人,困难只是暂时的,只要充满信心和希望,必能走出困境,走向成功。

"每天给自己打气",使自己拥有一个积极的精神状态,即使身处逆境,你也不会感到绝望,不会放弃,反而能增强自己的士气,不断完善自己。当挫折、失败在所难免,当焦虑和胆怯于事无补时,我们不妨静下心来,为自己打气,以轻松的心情勉励和调整自我,自信乐观地去迎接挑战,人生的路会走得更加精彩。

哲学家曾说过:"人生的大海有着潮起潮落。当处于低潮时,应该自己激励自己,走过沮丧,以饱满的激情迎接成功的高潮,以积极的心态对待失败的结局,以平常的心态对待生活中的事情。"所以,我们要学会为自己打气!

113. 每日"自省吾身",不断更新自我

[成功密码]

　　对于很多变化,应该常持开放的心态欢迎它、礼遇它。只有不断省察自己的想法及意见,才能保持进步。

　　反省,是一种优秀的品质。只有时刻反省的人才能够进步。反省也是一种学习能力的体现,反省的过程是学习的过程,也是改善自己的过程。如果你每天能够不断地反省自己,并努力寻求改正的办法,就会使自己不断地成熟起来,最终走向成功。大凡成功者,都把反省作为前进的重要手段。

　　在奋斗的道路上,如果我们能够时刻静下心来反省一下自己,又何愁不会进步呢?年轻人,如果你想做出一番大成就,获得成功,就必须在平日里多反省一下自己。客观地反省自己,才能避免犯更多的错误,才能让自己在成功的道路上越走越远。

　　在广袤无垠的非洲大草原上,生活着羚羊和狮子。一天清晨,羚羊从睡梦中醒来,它想的第一件事就是,我必须比跑得最快的狮子还要快,否则,我就会被消灭。而狮子也同时在想:我必须比跑得最快的羚羊快,否则我会被饿死。

　　这则寓言告诉我们,人要懂得不断淘汰自己,每天更新自己。年轻人就如同生长在非洲草原上的羚羊,你不想被凶悍的狮子吃掉,你就必须意识到每天面临着威胁;即使你很强大,你也要不断提升自己,否则总有一天会被别人超越。

　　中国的孔子提到:"吾日三省吾身。"这是圣贤的修身养性之道。深刻

提醒自己，检省自己的言行。反省是提高自我认识水平、进步的动力，是对自我的言行进行客观的评价，认识自我存在的问题，修正偏离的行进航线。

在机遇面前人人平等。如果不主动地去竞争，迟早也会有不好的遭遇。对于年轻人，面对每年不断增加的高学历的学弟学妹们"虎视眈眈"的样子，原地踏步只能是死路一条。不反省不会知道自己的缺点和过失，不悔悟就无从改进。要把反省自己当成每日功课。

从前，有个部落首领，一次被叛军打败。部下很是不满，要求再对叛军攻打一次，但是部落首领却说："不必，我兵比他多，地也比他大，却被他打败了，这一定是我德行不如他，带兵方法不如他的缘故。从今天起，我一定要自我反省，努力改过才是。"

从此，他每天夙兴夜寐，粗衣素食，关心百姓生活、生产，敬贤重士，选拔人才。过了一年，叛军首领知道了，不但不敢来侵犯，反而投降了。

金无赤金，人无完人。人总会有个性上的缺陷、智慧上的不足，而年轻人更缺乏社会历练，常常会说错话、做错事而得罪人。反省是砥砺自我人品的最好磨石，它能使你的想象力更敏锐，它能使你真正认识自我。

时代的步伐永不停止，生命的长河奔流不息。新时代是一个高速的信息时代，新旧交替日益加剧。那么作为年轻人，你也应每天淘汰、更新自己，这样做会给你带来丰富的学识、充实的生活、成功的事业。

"人，若是能养成每天读10分钟书的习惯，20年后，必定判若两人。"耶鲁大学的校长海德雷说。若想在这个千变万化的社会中立足，就必须每天为自己注入新鲜的血液，在新时代的浪潮中乘风破浪；每天淘汰自己，让自己充满正能量，使你在济济人海中崭露头角。

成功学专家罗宾认为："我们不妨在每天结束时好好问问自己下面的问题：今天我到底学到些什么？我有什么样的改进？我是否对所做的一切

感到满意?"自我反省是一个自我总结、不断提高自己的过程,这就需要从以下两点去看待自我反省:

①**正视人性的弱点,认识反省自我的重要性**

人们总是害怕暴露自己的弱点,而反省是一面心镜,通过它可以洞观自己的心垢。真诚地面对这些问题,其目的就是要不断地突破自我的局限,省察自己开创成功的人生。如果你每天都能反省自己的缺点,并加以改进,必然能够获得意想不到的丰富人生。

②**反省是认识自我、发展自我、完善自我和实现自我价值的最佳方法**

只要我们每天坚持"吾日三省吾身",时时叮嘱自己,在茫茫的人生旅途跋涉,我们心中必然会亮起一盏心灯。

③**反省的立足点和取向主要是针对自己**

这不仅是自身素质不断完善的手法,而且是融洽人际关系的法宝。每天自己坚持问:"我为朋友付出了多少"、"自己在这件事情上做出了什么"等反省,就能使自己心平气和,善结人缘,力求进取,开创光辉的人生。

总之,反省是走向成功的加速器。我们要善于总结,反省自己、认清自己,以正确的态度去面对和正视自身的错误,从而让自己不断走向人生的辉煌。

114. 感谢"反对"你的人

[成功密码]

从那些反对你、指责你，或站在路上挡拦你的人那里，你也许会学到更多，尽快感谢反对你的人吧。

人生轨迹中会遇到两种人：一种人是支持你的人，另一种人是反对你的人。对于支持你的人要怀有感恩之心，对于伤害你的人同样要怀有感谢之情。

感谢绊倒你的人，因为他磨炼了你的心；感谢欺骗你的人，因为他让你有了慧眼；感谢鞭打你的人，因为他激发了你的斗志；感激中伤你的人，因为他砥砺了你的人格；感激遗弃你的人，因为他教导了你该独立；感谢反对你的人，因为他助长了你的成长。

约翰·伍顿是美国加利福尼亚大学洛杉矶分校篮球队的一名教练。伍顿是一个意志坚定的人，虽然在他之前执教的16年间，每年都带领学校的校队参战联赛，但是非常遗憾的是，他们没能拿下一次总冠军。

1963年，伍顿身边换了一个很有想法的助理教练杰里·诺曼。诺曼一上任，就质疑伍顿的训练方法，并提出了他的主张和见解，公然"反对"伍顿。在一般人看来，挑起变革的做法往往费力不讨好。而诺曼却一直坚持，最后终于说服伍顿采用了他的新战术。让人欣慰的是，采用新战术后，校队的攻防技术都有了很大的提升，并顺利赢得了1964年全美大学生篮球联赛的冠军。在接下来的11个赛季中，他们又一举夺得了9个冠军头衔！

回顾后面取得的这一连串成功，伍顿这样总结说："不论你从事什么职业，一定要珍惜你周围能提出反对意见的聪明人。"

感谢反对你的人，因为他提醒了你的缺点，使你成为翱翔于大海上的海燕，顶风冒雨，勇往直前；感谢反对你的人，因为他提醒了你的不足，使你突破一个又一个瓶颈，快速成长起来。感谢反对你的人，这不是一种悲观，也不是一种退缩，恰恰相反，这是一种成熟。

"千人之诺诺，不如一士之谔谔"。没有哥伦布对航海专家的反对，就没有美洲大陆的新发现；没有托马斯对牛顿的反对，就没有波动说的产生；没有伽利略对亚里士多德的怀疑和反对，就没有自由落体实验。任何事物都是矛盾的统一体，矛盾双方因相互斗争而存在，相互斗争而发展，赞成和反对总是共存于决策过程的始终。重视批评和反对意见，做到在反思中顿悟，在顿悟中完善，就会变被动为主动，化极端为理性，最终达到认识的统一和决策的完善。

在第二次世界大战期间，英国首相温斯顿·丘吉尔为了能及时掌握前方的准确消息，专门设立了一个办公室，它的唯一职责就是向他报告坏消息。不管消息有多么糟糕，丘吉尔都要下属将事情真相一五一十地汇报给他听。

而德国纳粹头子阿道夫·希特勒则刚好相反，他只喜欢听好消息，讨厌听到失利的坏消息。于是，他的秘书马丁·博尔曼就经常报喜不报忧，以此来迎合这位暴君的脾气。就这样，一直被喜讯蒙蔽头脑的希特勒，始终以为德军在战场中处于上风。后面当他知道局面已经十分不利时，早就无力回天了。

如果没有了反对声，我们容易陶醉；如果没有了反对声，我们容易沉浸在无可挑剔的喜悦中；如果没有了反对声，我们可能再也听不到真实的声音；如果没有反对声，你离失败也已经不远了。真正激励一个人不断成功的，不是鲜花和掌声，不是亲情和友爱，而是那些可以置人绝境的打击和挫折，以及那些一直"反对"你的人。

年轻人，感谢所有反对你的人吧！因为"反对"你的那些人，其实是你的一笔无形的财富。正因为他们的"反对"才让我们时刻审视自己、反省自己，从而不断完善自己。

115. 敢于从失败中积极汲取经验教训

[成功密码]

　　成功者与失败者最大的差异，在于成功者会设法由失败中获益，再尝试别的方法。

　　一位成功人士说过："一个人如果想永远不犯错，最好的办法就是永远不做事情。"犯错是成长的基石，一个人如果不敢犯错、害怕犯错，那么，他便很难认清楚自己的优劣，也很难成长。这句话绝非是纵容人们去犯错，而是告诫人们要以正确的态度去看待自己的错误，犯错后及时反省，勇于更正自己，从错误中汲取经验教训，从而使自己不断走向卓越。

　　美国著名的金融大鳄乔治·索罗斯的成功，很大一部分原因就在于他能以正确的心态看待错误。

　　在乔治·索罗斯看来，每个人并非天生完美，获取的知识并不足以引其行动，这就是"易错性"。人们要进步，就需要不断地犯错，不断地承认，不断地加以修正。就以投资人来说，错误是绊脚石，却又是成功之源。

　　他在接受记者的采访时曾这样说道："我有认错的勇气。当我做错了事情之后，就会立即马上改正，这对我个人的事业十分有帮助。我的成功，主要来自于我对错误的承认和纠正。"在自己犯错之后，乔治·索罗斯从不会为自己找借口，他这样说道："认错的好处，是可以刺激并增进批评力，可以让你进一步重新检视你的个人决定，然后通过不断地修正自己，让自己获得进步。我总以承认和改正错误为荣，甚至我的骄傲和实力的根源都来自于认错。"

卡耐基说："成功者与失败者最大的差异在于成功者会设法由失败中获益，再尝试别的方法。"敢于直面失败、承认失败，汲取经验教训，改正错误，那么得到的应该是鲜花和掌声，至少证明这就是一个新的开始。

成功是从不断的失败和探索中发现的。一个真正的聪明人，善于从失败中汲取经验教训。犹太人认为，每个人都不可能避免失败。在失败面前，我们要保持清醒的头脑。现实生活中，有很多年轻人虽然已经丧失了他们的一切，但他们并没有失败，因为不介意失败，他们能从失败中汲取经验教训，失败只会让他们变得更加成熟。

卡耐基曾对他的学员讲了这样一个故事：

保罗·道弥尔是美国著名的企业家，他的经商之道跟别人大不一样。他专门收购面临危机的企业，但这些企业经过他的整顿，都能起死回生，因此，他的生意异常火爆。

他的创业之路是这样的。1948年，21岁的保罗·道弥尔离开了祖国匈牙利，来到美国。当时，他什么都没有，唯一的资本就是一个强壮的身体。

当时在美国找一份勉强度日的工作并不难。但是保罗·道弥尔来美国的目标不是这样，他并不满足这样，他要向更高的目标迈进。在不到一年的时间里，他竟然换了差不多20份工作。他之所以这么做，是因为他希望能够对美国社会更深、更一步地了解，以便自己能够很好地成长起来。

最后，保罗·道弥尔决定在一家制造日用化妆品的公司上班。他工作极其努力，老板很是看重他。于是很快，保罗·道弥尔被提拔为这家公司的工厂主管，每周的工资也由原来的30美元上升了195美元。这个数字在当时可以说是中产阶级的收入了，但他的追求并不是这个，他要朝着更大的目标去迈进，毕竟这是个小公司，能学到的经验较少，于是他决定辞职，做起了推销员。

他做推销员之后，视野果然开阔了许多。他在同各种顾客打交道的过程中，锻炼了交际能力和技巧，丰富了销售产品的经验，学会了如何去洞察和分析顾客的心理，同时也对当地的风土人情有了一个更深的了解，这对于一个来自外乡的青年人来说，无疑又积累了一大笔无形的财富。仅用两年时间，道弥尔便用自己的心血和才智编织了一个庞大的销售网，成为当地最富有的推销员。

正在这时，道弥尔作了一个惊人的决定，他高价买下了一家濒临破产的工艺品制造厂，同时拥有70%的股份，于是他决定对这家公司按自己的想法改革。

道弥尔首先从生产和销售两个环节实行整顿。他认为，生产环节方面要降低成本、提高效率、减少开支。他辞去了一部分对工厂的前景失去信心的员工，而对留下的员工，则增加他们的工作量，提高他们的工资。销售环节方面，因为是工艺品，他废止推销办法，改为推销制度；提高产品价格，保持合理利润；加强销售服务，提高工厂信誉。公司的效益一下子就提高了，完全改变了公司以前的面貌，而且效益越来越好。

后来，他又陆续收购了一些濒临破产的企业，都是采用这样的方法使公司大有改观。

于是，很多人感到奇怪，就问他："为什么老喜欢买下一些快要倒闭的企业来经营呢？"

保罗·道弥尔的回答非常巧妙："别人经营失败了，接过来就容易找到它失败的原因，只要找出造成失败的缺点和失误，并把它纠正过来，就会得到转机，也就会重新赚钱。这比自己从头干起要省力得多。"

因此，同行企业家们称保罗·道弥尔为企业界"神奇的巫师"。

保罗·道弥尔是成功的。这告诉我们只有从失败中汲取经验和教训，我们才能重新定位，才能更好地解决问题，然后获得成功。

失败就像一条河，不怕河中巨浪滔天，不怕在渡河中淹死，才可能游到成功的彼岸，但很多人却容易忘记在失败的大河中泅渡的必要。失败是必要的，但失败也是可恶的，我们只有在失败中汲取经验和教训，才能反败为胜。

116. 及时弥补生命的"短板"

[成功密码]

人的生命充满了各种各样的短板，这只是进化途中的一级，我们只有通过不断地改造升华，否则，就不可能完全跨入完美的境界，得到真正的美满幸福。而人的性情是冥顽不化的，为此，这种教育改造是一个必须从身、口、意全方位着手的过程。日本禅学大师铃木大拙说道："自我改造是一个伴随着血和泪的过程。"

有一个规律叫"短板效应"，说的是：

盛水的木桶是由许多木块组成的，盛水量也是由这些木块共同决定的。一个木桶要想盛满水，必须每块木板长短一致且无破损。如果其中一块木块很短，则此木桶的盛水量就被最短的那块木块所限制，又或是其中一块受损，那么水也无法盛满。也就是说，一个水桶能盛多少水，并不取决于最长的那块，而是取决于那块最短的木块或是那块破损的木块，若想木桶的盛水量增加，只有彻底地换掉短板或将短板加长或是将破损的木块补齐才可以。

"短板"限制事物向更高层次发展；"短板"切断你前进的道路；"短板"阻碍你交际，"短板"是失败的根源，是成功的终结者。它让你陷入混乱、痛苦或者是迷茫，甚至导致你的人生走向毁灭。

老虎被称为"兽中之王",而狗熊是最凶猛的肉食类动物,它们在深林中可谓是八面威风,横行无阻。

然而,它们再怎么让人闻风丧胆,自身却有着致命的短板。对于老虎而言,一只山雀的一粒小小的粪便沾上老虎皮,虎皮便会发生弥漫性的溃烂,最终让有"兽中之王"之称的老虎死于非命。

狗熊虽然凶猛,但它的鼻子却十分脆弱,如果有谁能够对着狗熊的鼻子猛击一下,再大再凶的狗熊也会顿时昏倒在地,完全丧失招架之力。

其实,人也一样。每个人都有自己最致命的"短板",从而使自己栽了跟头,使自己的人生与事业受阻或是一蹶不振,甚至还会在人生的前进过程中导致自己走向毁灭。

所以,在通往成功的过程中,年轻人一定要认清自身的"短板",是性格、习惯、社交、抑或是态度……并及早地进行预防和克服,以免让自己的人生走弯路。

生命"短板"处处存在,但成功不会容忍你的短板,就算你最长的那块板子比谁都长,最短的那块如果没有达标,一样出局。

成功学大师戴尔·卡耐基曾告诉他的学生说:"人的生命充满了各种各样的短板,这只是进化途中的一级,我们只有通过不断地改造升华,否则,就不可能完全跨入完美的境界,得到真正的美满幸福。而人的性情是冥顽不化的。为此,这种教育改造是一个必须从身、口、意全方位着手的过程,日本禅学大师铃木大拙说道:"自我改造是一个伴随着血和泪的过程。"这短话告诉我们,一个人最差的一面会直接影响自己的前程。只有通过预防与克服那些致命的人生"短板"来进行更为深刻彻底的生命内建,通过日常的自我清理、自我教育、自我规范,时刻让自己进行全方位的反省,如此才能够让自己趋向完美,使生命得以升华,给自己人生交上一张满意的答卷。

第十五章

富有合作精神

——协作是成功的"双翼"

117. 合作就是力量

[成功密码]

合作就是力量，有了力量，才能成功。在我看来，没有合作的人生，永远不会是完美的人生。只有合作，才能谱写出人生动听的乐曲；只有合作，才能走出人生的宽阔大道；只有合作，才能让人生散发出耀眼的光芒；只有合作，才能将粗糙的人生之铁雕琢成精美的人生之玉。

独木不成林，只有千树万树唇齿相依，才会有那阵阵松涛；一花不成春，只有千朵万朵压枝低，才会有那满园春色。合作就是力量，有了力量，才能成功。在我看来，没有合作的人生，永远不会是完美的人生。只有合作，才能谱写出人生动听的乐曲；只有合作，才能走出人生的宽阔大道；只有合作，才能让人生散发出耀眼的光芒；只有合作，才能将粗糙的人生之铁雕琢成精美的人生之玉。俗话说得好，"众人拾柴火焰高"，火焰之所以热烈，那是因为众人的合作给了它燃烧的力量，它才能照亮大地，燃烧出自己最美好的人生。

非洲有一种鳄鱼，每次吃完食物之后，就会把嘴张开。这时，就会有一只千鸟飞进它的嘴里，替它细细地清理牙齿，把齿缝间的食物残渣啄食干净。鳄鱼获得了舒适，千鸟也填饱了肚子。假如鳄鱼不留神把嘴合上了，鸟儿就用它尖硬的翅膀戳一下，鳄鱼感觉到就会张开嘴。这就是一个合作创造力量的例子。

"土帮土成墙，人帮人成王。"鳄鱼与千鸟的默契合作让鳄鱼轻松除去了牙缝中的东西，千鸟也吃饱了。它们能够互生互存，这是合作给予它们的力量。

合作是通向成功的指向标；合作是铺就成功的基石；合作是力量的源泉。没有了合作精神，就等于一个人没有了灵魂，成功没有了支柱。年轻人，想要成功，就要拥抱合作，让成功之花在合作的土壤里盛开，让成功的清泉在合作的泉眼中喷涌，让成功的山鹰在合作的蓝天中翱翔。

卡耐基在成人训练班时，曾给他的学员上了生动的一课：

一次，卡耐基上课时，在讲台上摆放着一个很大的箱子，学员们都感到十分地惊讶，不知道老师唱的是哪一出戏。

这时，卡耐基开口说话了，他说："你们当中有谁能举起这个箱子，我将给他20美元作为奖励。"

顿时，台下的学员们再也坐不住了，"不就是一个箱子吗？还能难倒我？你就等着给钱吧。"班上一个大个子说。

卡耐基示意地点了点头，叫那大个子过来试试。大个子走上讲台无论如何也没能使箱子挪动一步，灰溜溜地走下了讲台。

卡耐基又叫了几声，还有谁想来试试。陆续有几个人走上讲台试了一下，还是没能挪动箱子。

这时，卡耐基微微笑了一下，不如，找两个个子比较小的来试试。"箱子动了。"台下的学生叫了起来。

"是的，这就是合作的力量。"卡耐基语重心长地说。

这时，学员们才恍然大悟。

一人之力是站在海岸遥望海中已经看得见桅杆尖头了的一只航船，需要风浪的推动；一人之力是立于高山之巅远看东方已经光芒四射、喷薄欲出的一轮朝日，需要朝霞的映衬；一人之力是躁动于母腹中的快要成熟了的婴儿，需要母体的滋养。一个人，不管其能力又多强，其力量都是有限的，唯有与人合作才能加快成功的步伐。

哲学家威廉·詹姆士曾经说过："如果你能够使别人乐意和你合作，不论做任何事情，你都可以无往不胜。"合作是一种能力，更是一种艺术。唯有善于与人合作，才能铸就"振臂一呼，应者云集"的成功人生。

118. 以二合一来代替二选一

[成功密码]

在专业分工越来越细、市场竞争越来越激烈的前提下，单打独斗的时代已经过去，合作变得越来越重要，只有二合一，而不是二选一，才能优势互补，借助对方的力量，弥补自身的不足，达到合作双赢的目的。

在日常生活和工作中，生存离不开人与人的相互扶助。在专业分工越来越细、市场竞争越来越激烈的前提下，单打独斗的时代已经过去，合作变得越来越重要，只有二合一，而不是二选一，才能优势互补，借助对方的力量，弥补自身的不足，达到合作双赢的目的。

那么如何做到二合一，而不是二选一，以达到双赢的目的呢？下面就请从一位著名管理研究者对"美国人、日本人和中国人的文化特色、思维方式的比较研究"中窥探一二：

（1）美国人只看到自己，追求"一"

西方人，特别是美国人，凡事只想到自己的权益，所谓"不让自己的权利睡着了"。他们每个人都为自己而争，"个人独立，个人自由"所产生的个人行为，因利害关系相结合，"急需帮助你的人才是真朋友"，成为美国人坚定的信念。美国人在追求"一"的过程中建立了自己的独特文化。

（2）日本人要和别人争个高低，而后决定对策，这是"二"。

日本是一个崇尚强者的民族，他们追求个人利益，同时也看到对手的存在。在下一步的行动中，他们采取了比比"究竟谁比较大"的策略，你大我听你的，我大你听我的。

（3）中国人擅长把二看成三，在"你"、"我"之外看到"他"。

中国人不但想到"我"，还要顾及"你"，更不能忘掉"他"。因此，在处理事务的过程中，中国人考虑的问题就比较多。中国人有"把二看成三"的思维方式，恰恰就是追求"双赢"的目标。

通过上面的比较，可以深刻地理解中国人"双赢"的思想，兼顾"你"、"我"，并且还想到"他"，是追求一种利益的平衡。"以二合一来代替二选一"，即追求一种双赢的境界。

你想到别人，别人也能到你；帮助别人成功，才能自己成功。作为一个社会成员，我们总是处在各种各样的关系中，只要在人际交往中做到互惠，交往就会保持平衡，并且长久。以自我为中心，有我无他、有他无我的利益分配，无形中只会造成"得道多助，失道寡助"的局面。

在印度，一个老人在高速行驶的火车上，不小心把刚买的新鞋从窗口掉了一只，周围的人倍感惋惜，不料老人立即把第二只鞋也从窗口扔了下去。这举动更让人大吃一惊。老人解释说："这一只鞋无论多么昂贵，对我而言已经没有用了，如果有谁能捡到一双鞋子，说不定他还能穿呢！"

在工作中，有时为他人做嫁衣不仅有一份成就感，并且一定会为你赢得帮助。这自然使你的工作能够快速地成功。这也是"双赢思维"的一种体现。希望别人为自己做些什么的同时也想想自己能够为别人做些什么。

人与人之间的合作本身就是一种互补的状态存在的，是通过"二合一"，而获取外部资源，如果以一种"二选一"的方式，这就背离了"兼顾"原则，注定得不到别人的长期合作。

119. 团队第一，个人第二

[成功密码]
没有优秀的个人，只有优秀的团队。

一个人再能干，不可能单独完成一次团队的任务，只有整个团队的团结协作，把每个人的智慧和创新都融入到团队中去，互相协作，善于沟通，才能克服困难。

杰克·坎菲尔和马克·汉森写的《心灵鸡汤》中记述了这样一个故事：

一群大雁互相帮助，飞往南方。一路上，它们遇到了许多困难，但它们齐心协力，借助团队的力量，最后成功到达了南方。

每年两次的南北迁徙，对大雁来说都是非常漫长和遥远的路程。在长达数千里的行程中，它们要面临猎人枪击的威胁，要面临狂风暴雨、电闪雷鸣及寒流与缺水的威胁，但是每一年它们都能成功地往返。在南飞北返的过程中，大雁总是结队而行，队形一会呈"一"字形，一会呈"人"字形。

为什么大雁会这样编队飞行呢？原来，这样编队飞行能产生一种空气动力学效应，一群编成"人"字形或"一"字形飞行的大雁，要比那些单独飞行的大雁少飞70％的路程。

由此看来，

（1）团队的力量是巨大的；

（2）有组织、有纪律的团队才能发挥出更大的力量；

（3）一个人如果脱离了团队，就一定不能获得足够的帮助来赢得成功；

（4）学会与他人合作，增强自己的团队精神，这样更有利于自己依靠团队的力量成功；

（5）成功总是青睐于那些懂得和别人互帮互助的人，因为他们有更大的优势。

在英国，曾有一位科学家把一张点燃的纸片放进蚁巢里。

开始时，蚁巢中的蚂蚁惊慌万状，不知所措。过了十几分钟后，便有许多蚂蚁纷纷向火中冲去，对着点燃的纸片喷射出自己的蚁酸。虽然一个蚂蚁能射出的蚁酸量十分有限，而导致蚁群中的一些"勇士"葬身火海。但是，它们前仆后继，几分钟便将火扑灭了。

实验中有一幕使实验者们感到非常惊讶：只见活下来的蚂蚁将同伴们的尸体移送到附近的一块墓地，盖好薄土，安葬了。然后，活下来的蚂蚁很快便协同在一起，组建了一个灭火队伍。它们有条不紊地作战，不到一分钟，火便扑灭了，而蚂蚁无一伤亡。

为此，实验者们无不为蚂蚁的团队精神叹为观止。

团队的成功就是你的成功，这就是一条通往成功的捷径。因此，借助团队的力量是你成功中的"借力"之道。

年轻人，个人是种子，团队是沃土，稚嫩的种子只有投身到团队的沃土中才能生机勃勃，茁壮成长。

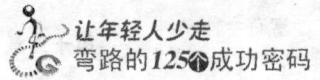

120. 一加一大于二

[成功密码]

　　一个苹果交换一个苹果，还是一个苹果，一个经验交换一个经验，就成了两个或多个经验。

　　组织产生的力量不是简单的加法，组织产生的合力要大于每一个人力量的总和。有些人虽然长于计算，却不懂得合作之道，所以他们大而不强，众而不霸。相反，若是懂得合作，就能产生"1＋1＞2"的倍增效果。

　　两块木头所能共同承受的力量，大于这两块木头独自的承受力之和；两种炸药并用的效用，也可能大于分开使用的效用之和；两只小船在海里航行，遇到大的风浪可能会双双覆亡，若把二者捆绑在一起就可以抵御更强的风浪；几名教授，为了研究一个课题，互相帮助，取长补短，根据各自的特长，优化分组，就能发挥最大的效用；两个在各自领域有着一定实力的企业，若能合作，就是我们经常所说的强强合作了。

　　海纳百川，有容乃大。与人打交道时，那些善于集众人之智慧于一身的人，善于借助合作力量的人，更易于成就大事。

　　美国的水晶杯公司和细瓷公司就是借助合作，通过优化设计，使得整体实力远远大于部分力量之和，产生"1＋1＞2"的效果。

　　刚开始，美国的水晶杯公司推出的是水晶玻璃高脚杯，在本土占据着很大的市场，而另一家细瓷公司，推出的是细瓷餐具。它们都是高档的名牌餐具，在市场上竞争日益激烈，互不相让，对各自的销售量都产生很大的影响。经过一段时间的怒目相向，两家公司决定联合推销，携手合作。

　　水晶杯公司利用细瓷餐具多年来在日本市场的信誉，通过联合促销，将其产品打入日本；而细瓷餐具公司则利用水晶杯公司50％产品在美国销售的优势，使细瓷餐具跻身美国家庭和饭店的餐桌。结果双双都扩大了销售市场，大幅度提高了销售金额。

合作能把容易的事情变得简单，把简单的事情也变得很容易，那么我们做事的效率就会倍增。一个人可以凭借自己的想象力，取得一定的成就，但是如果把自己的想象力和别人的想象力结合起来，就会取得令人意想不到的成就。我们如果可以把每个人的"心智"这样一个独立体结合起来，形成一个比之强大的"能量体"，那么，它创造财富的力量是无与伦比的。

121. 好风凭借力，借梯能登天

[成功密码]

　　世间万物本是相辅相成的，互相补充，共同发展，依靠团队的力量，善借别人的智慧，利用别人的优势弥补自己的不足，是必不可少的成事之道，更是一条捷径。

不懂得或不善于借助外部力量，光靠单枪匹马闯天下，在现代社会里是很难大有作为的。

在自己没有能力的情况下，借助他人的力量去实现自己的目标是明智之举。一个人能竭尽自己的能力去完成一项事业，这是难能可贵的。但是，在当今社会，门类繁多，分工越来越细，仅靠自己的力量去完成一项事业是做不到的，必须要借助别人的力量才能攻克。

"好风凭借力，送我上青云。"善于借助别人的力量，就如同众人帮助你往火中添柴，越烧越旺。

美国的安德鲁·卡内基白手起家，成为世界钢铁大王，这在钢铁行业乃至其他行业中实属奇迹。他未受过高等教育，更未学习过钢铁知识，他获取成功最主要的一条秘诀就是借助他人的智慧成事。

这位白手起家的钢铁大王，一度有40多个百万富翁为之工作。1912年，卡内基更是以年薪100万美元聘请夏布先生出任钢铁公司第一任总裁，这一消息不但震惊美国，全世界亦为之咋舌。

卡内基为什么会如此大手笔？原来他深知夏布有高超的企业管理才能，相信他能创造出的价值一定会远远大于给他的工资。

果然，夏布第一天上任就使钢铁公司每班产量提高15％左右，从每班产6吨升为7吨，在同等的设备、人力和物力投入的情况下，产量成倍增加。卡内基的钢铁公司自从夏布任总裁后，迅速扭亏为盈，卡内基所得的利润比夏布所得的工资多了成百上千倍。

世界亦为之咋舌的重金聘任事件，就这样开启了一系列吸引全世界人眼球的事件，并最终将没学过钢铁知识的创业者推上了"钢铁大王"的宝座。借助他人的力量成事的巨大重要性在此得到最直接的突显。

在各个领域，凡是获得成功者都有一套善于"借"的本领，牛顿曾说："我成功靠的是站在巨人的肩上。"阿基米德有这样一句流传千古的名言："假如给我一个支点，就能撬起地球。"

"登高而招，臂非加长也，而见者远；顺风而呼，声非加疾也，而闻者彰，假舆马者，非利足也而致千里；假舟楫者，非能水也而绝江河……"善借外物是成功的阶梯。

雄鹰借助蓝天，实现了翱翔苍穹的梦想；蓝天留给雄鹰，成就了自己的深邃和宽广。小草借助泥土，才得以生长；泥土将生命奉献给小草，换来了满地的生机。

下面来看一个借助别人力量成事的例子。

美国约翰逊黑人化妆品公司开始投入市场时，由于规模小，加之当时国内最大的黑人化妆品佛雷公司制造的化妆品已经垄断了已有的黑人化妆品市场，所以约翰逊黑人化妆品公司在打开市场、促进销售方面收效甚微，并且依约翰逊黑人化妆品公司现在的实力，短期内无法与佛雷公司生产的黑人化妆品相抗衡，约翰逊的公司长期处于"被压抑"的状态中。

百思之后，约翰逊终于决定采用一种手段"把自己告诉别人"，扩大知名度。他采用"衬托术"，巧借佛雷公司的响亮名声促进本公司产品的销售。于是，约翰逊提出一句看似平庸而实际内涵丰富充实的宣传口号："当你用过佛雷公司的新化妆产品之后，再涂抹一次约翰逊的粉质膏，将收到意想不到的效果。"

果然，这种含有提示性的广告词吸引很多顾客。因为用过佛雷化妆品的顾客不在乎试用一下配套的其他牌子产品；而没有用过佛雷化妆品的顾客，也会把两种牌子的化妆品相提并论，并通过使用比较一下两种化妆品的效果。这样一来，佛雷化妆品的名声带动了约翰逊公司产品的名声，约翰逊的目的也就达到了。

一段时间，约翰逊公司生产的化妆品大销。约翰逊抓住这个时机趁热打铁，趁着大众对他的化妆产品留有印象之机，立即设法扩大市场占有率，加速产品的开发，接连推出许多各具特色的系列黑人护发、护肤用品。短短几年间，约翰逊黑人化妆品已远远超过了佛雷的生产经营，垄断了黑人化妆品市场。

攀附名牌，善于借助别人的力量，使得约翰逊黑人化妆品迅速在市场上崛起。

苏格拉底曾说："真正高明的人，就是能够借助别人的智慧，来使自己不受蒙蔽。"在通往成功的道路上，凡事不能只靠自己，学会适时地借助他人的力量，这不仅是一种智慧，更是一种无穷的力量。因此，谁具有凭借的智慧，谁就更容易达到成功之巅。

总而言之，"好风凭借力，借梯能登天"。在成功的道路上，"借力而行"是不可少的。愿每个年轻人都能向身边的事物和人敢借、能借、会借、善借，从而"借"出一片新天地！

122. 站在"巨人"肩上摘星星

[成功密码]

　　站在"巨人"肩上生活和工作，我们可以省却更多的时间，可以更快地接近成功，取得事业上的巨大进步。

　　牛顿说："如果说我比别人看得更远些，那是因为我站在了巨人的肩上。"

　　人们往往需要借助"巨人的肩膀"来实现自己的目标。假若你的人生中毫无"巨人"肩膀依靠，那你便只能像一只在烂泥中翻腾的泥鳅，始终难跳出泥淖，洗去满身的污迹。

　　有一个美国出版商，在总统身上大做文章，不仅推销掉积压的图书，而且还取得了可观的经济效益。

　　一次，该出版商为仓库里堆积如山的图书卖不出去而发愁。突然他眉头一皱，计上心来。过了几天，他通过朋友送给美国总统一本样书。后来，总统看到了这本书，只浏览了几页，便漫不经心地说："这本书不错。"出版商闻讯，利用总统这句话大做广告，一个月内便把积压图书全部卖光。

　　其后，又有一批图书积压，该出版商因尝到了甜头，给总统又寄了一本样书。这一回，总统不给面子，评论说："这本书糟透了。"出版商闻讯，利用总统这句话大做广告："这是一本总统认为最糟糕的书。"一个月内把积压图书全部卖光。

　　几个月后，该出版商又遇到了图书积压的难题，他像以前一样如法炮制，寄给总统一本样书。这一回，总统学聪明了，干脆对他的书一言不发。于是，该出版商在广告中写道："这里有一本总统难以评价的书出售！"结果，所剩图书轰然销尽。"

历史上和现实生活中许多事实告诉我们：站在"巨人"肩上生活和工作，我们可以省却更多的时间，可以更快地接近成功，取得事业上的巨大进步。

股神巴菲特就是站在巨人的肩上生活和工作的人。

巴菲特站在第一个巨人肩膀上的人是他的老师格雷厄姆。格雷厄姆是价值投资的创始人，出版过《聪明的投资者》和《证券分析》两本投资专著，曾在哥伦比亚大学教投资，并创立了格雷厄姆—纽曼投资公司。《证券分析》这本书，70多年来不断再版，一直被视为投资界的"圣经"。

巴菲特11岁时买了第一支股票，也曾研究过技术分析，画过图表，但因为方法不对，其股票投资一直没有大的进步。

1950年，19岁的巴菲特阅读了格雷厄姆的《聪明的投资者》一书。对巴菲特来说，阅读这本书使他有了对投资真谛的顿悟。后来巴菲特听说格雷厄姆在哥伦比亚大学当教授，所以在1951年便申请入哥伦比亚大学，在格雷厄姆门下学习，并成为其得意门生。

一年后，巴菲特从哥伦比亚大学毕业，为继续和老师学习，主动要求免费为格雷厄姆的投资公司工作。但是遭到了老师的拒绝。被拒绝后，巴菲特回到了奥马哈。一直到1954年，巴菲特在他父亲的经纪公司巴菲特—福尔克公司工作，做股票经纪人。

但巴菲特并没有放弃，不断和老师联系，最终感动了老师，在1954年，老师答应了他可以到其公司工作。巴菲特在老师的公司工作了两年，直到1956年，格雷厄姆解散了他的公司，并退了休。这段时间内，巴菲特学到了很多投资的精髓，为未来的成功打下了基础。

但对巴菲特成为世界首富，创建了一个伟大的企业伯克希尔公司来说，格雷厄姆的智慧是否已经足够了呢？

巴菲特的搭档查理·芒格在斯坦福法学院《关于生活智慧》的演讲中说："如果巴菲特从哥伦比亚大学毕业之后就停止学习的脚步，伯克希尔很可能会故步自封，不会有质的蜕变，沃伦会成为富人——作为格雷厄姆在哥伦比亚大学的嫡传弟子，他所得到的真传可以让任何一个人兜里装满财富。但如果他停止不前的话，伯克希尔不可能达到今天的境界。"

所以，巴菲特之所以能有今天的成就，还与另两位巨人有关。

巴菲特总结说，他自己是"85％的格雷厄姆＋15％的费雪"。费雪是另一位价值投资大师，认为"用合理的价格买入优质的企业，比用低廉的价格买入平庸的企业要好得多"。

和费雪一样，巴菲特的搭档查理·芒格也让他更上一层楼。巴菲特这样评价他的伙伴："查理把我推向了一个不像格雷厄姆那样只购买便宜货的方向，这是他真正给我的影响。他把我从格雷厄姆观点的局限中拉了出来，这是查理思想的力量，他拓展了我的视野。"

巴菲特先后站在三位"巨人"的肩上，才有了今日的成就。

"巨人"是你生命中的开路先锋，是你事业上的导师。在工作中，谁都期盼被成功的光环笼罩，但是真要成就一番事业，单凭自己是十分困难的。但当你苦苦追寻求索时，有人向你伸出了援助之手，或者给予物质上的资助，或者寄予精神上的抚慰，便可减少你摸索的时间，你的工作就可能顺利地完成。

年轻人，职场中，你应多寻找"巨人"，懂得站在"巨人"肩上摘星星的道理，成功自然会向你靠近。

123. 要有自己的"节拍",更要与团队"合拍"

[成功密码]

不可否认,每个人都有自己的想法、做事风格、做事节奏,但在职场中,光有自己的"节拍"显然不够,还必须能与团队"合拍"才行。这就好比合唱,只有大家的节拍一致,才能演绎出优美和谐的旋律,如果各唱各的调,那么结果可想而知。

一个瞎子和一个跛子被大火围困在一个房间里。瞎子因为看不见,只能在大火中乱撞,跛子因腿脚不便,眼看着大门却只能坐以待毙,最后两个人被活活烧死。试想,如果瞎子和跛子能够相互利用对方的长处,协同合作,便能逃离险境。

不要去嘲笑瞎子和跛子的愚昧,因为你在工作中有时可能也是那个特立独行、不善合作的"瞎子"和"跛子"。

美国人大卫·史提尔说过:"合作,不仅是一种工作而已。事实上,我相信合作是一切团体繁盛的根本,而要达成合作,唯有参与才能达成。"是的,想要成功,团队意识非常重要。

一家大型公司招聘高层管理,9名优秀的应聘者从200多名应征者中脱颖而出,进入最后一轮的选拔。

最后的选择是由老板亲自把关的。老板把这9个人随机分为甲、乙、丙三组,指定甲组人去调查婴幼儿用品市场,乙组人去调查成年人用品市场,丙组人去调查老年人用品市场。老板对三组人说:"唯有对市场具有敏锐的观察力者才能胜任市场开发部高管的职位,现在我把你们分成了三组,希望你们能够相互合作,全力以赴。"然后他又让秘书把相关资料分给各组,以免盲目调查。

三天后，9个人将各自的市场分析报告递交到老板手中。老板看过以后，站起身来，走向丙组的三个人，分别与之握手，并祝贺道："恭喜三位，你们被录取了！"看着大伙疑惑的表情，老板解释道："现在请各位找出我前几天给你们的资料，相互传一下。"原来，秘书分发给每个人的资料都不一样，甲组的三个人得到的分别是本市婴幼儿用品市场过去、现在和将来的市场分析，其他两组也都类似。其中，只有丙组的人相互借用了对方的资料，补齐了各自资料的不足，而甲、乙两组的人都各自行事，抛开队友，自己做自己的，所做的市场分析报告都不够全面。老板最后说："其实我出这样一个考题，不是要看你们的分析能力，而是要考察一下各位的团队意识，看看大家是否善于在工作中合作。要知道，团队意识才是现代企业成功的保障。"

不可否认，每个人都有自己的想法、做事风格、做事节奏，但在职场中，光有自己的"节拍"显然不够，还必须能与团队"合拍"才行。这就好比合唱，只有大家的节拍一致，才能演绎出优美和谐的旋律，如果各唱各的调，那么结果可想而知。

此外，金无足赤，人无完人。世界上任何一个人，无论他知识多么渊博，能力多么强大，他在工作中都不可能事事精通、独当一面，他都需要与团队里的人一同合作以弥补自身的不足。

年轻人，想要在工作中站稳脚跟并有所发展，就要在工作中尝试融入团队，即完成从"个体"到"团队"意识的转换。

团队是一个有机的、协调的并且有章可循的整体。这个整体的能力并不等于它所有附属成员能力的简单算术和，而是一种无论在数量上还是质量上都远远超出其他成员原有能力的新力量，而与团队"合拍"的意义在于使我们自己受益的同时也让别人受益，而那些只顾自己"节拍"，不想让别人受益的人，自己也很难从中受益。

124. 想赢得合作，先把双手借给别人

[成功密码]

如果你帮助其他人获得他们需要的东西，你也因此而得到想要的东西，而且你帮助的人越多，你得到的也越多。想赢得合作，先把双手借给别人，只有这样，你才能从别人身上获取同样的给予。

助人者，人助之。不管什么情况，只要你先帮助了别人，就体现了你最大的诚意。每个人，特别是接受过你帮助的人，都更愿意表达他的感恩心理。很多年轻人总是抱怨没有人愿意同自己合作，那么你不妨先试着把双手借给别人。

14岁的华盛顿在房子的后院栽了一棵苹果树。他父亲见到后说："你若想在将来吃到苹果，就应该把它种在有阳光的地方，并不断给它浇水、施肥。"在转身离开的时候，他父亲又从树说到了人："如果你帮助别人得到他想要的，你就能得到一切你想要的。"

华盛顿将父亲对他说的话，运用到现实社会中，帮助了许多人，同时许多人多愿意与他合作。1789年，当选为美国第一任总统。

同时，华盛顿在1787年费城立宪大会上，曾反复使用了他父亲当时说过的这句关爱人性的话。

他被尊称为美国国父，学者们则将他和亚伯拉罕·林肯、富兰克林·罗斯福并列为美国历史上最伟大的总统。

关照别人就是关照自己。美国石油大王亚蒙·哈默曾说："关照别人就是关照自己。那些想在竞争中出人头地的人如果知道，关照别人需要的只是一点点的理解与大度，却能赢来意想不到的收获，那他一定会后悔不迭。关照，是一种最有力量的方式，也是一条最好的路。"

是的，关照别人就是关照自己。要想获得别人的合作，你必须多栽花少栽刺。当我们付出了真正的爱心和温情，就必将赢得真正的朋友和真情的回报，得益的常常是我们自己。曾经有这么一个真实的故事：

在一个多雨的午后，一位老妇人走进费城一家百货公司，大多数的柜台人员都不理她，只有一位年轻人却问她是否能为她做些什么。当她回答说只是在临时避雨时，这位销售人员并没有转身离去，反而拿给她一张椅子。

雨停之后，这位老妇人向这位年轻人说了声谢谢，并向他要了一张名片。几个月之后，这家店主收到一封信，信中要求派这位年轻人往苏格兰收取装潢一整座城堡的订单！这封信就是这位老妇人写的，而她正是美国钢铁大王卡内基的母亲。

当这位年轻人打包准备去苏格兰时，他已升格为这家百货公司的合伙人了。

年轻的小伙计因为一次举手之劳的助人行为，美梦成真。一个与人为善、为他人着想的人，人家也就会用同样的善意去为他着想，给他提供机遇，为他的致富创造条件。

非洲有个叫"快乐墓地"的墓园，其中有块墓碑写着："行善吧，真诚地去帮助别人，这样你就会得到快乐和温暖。这样活着真好，这是一种美丽。你的人生一定会因此而变得美丽起来。"当助人的雨露洒向他人时，平凡的人生就显得充实而有意义，我们的内心就是一片温馨。只要我们都能善待他人，那么，无论命运之舟将我们载向何方，都能逢凶化吉，遇难呈祥。

卡耐基曾说："别人得到他想要的，是我们能令他自愿做事的唯一方法。"只有你真正帮助他人，才能赢得他人的注意、帮助和合作。年轻人在别人有困难的时候，给别人以帮助，这时你就赢得了别人回报的资本，那么你的人生就会走得更加顺畅。

第十五章 富有合作精神
——协作是成功的"双翼"

125. 合作永远大于竞争

[成功密码]

无谓的竞争必然导致无谓的结局，而合作往往比恶性竞争更有利可图。

美国商界有句名言："如果你不可能战胜对手，那就加入到他们中间去。"现代竞争，不再是"你死我活"的模式，而是更高层次的竞争与合作。现代人追求的也不再是"单赢"，而是"双赢"和"多赢"。

《先知和长勺的故事》是这样的：

一位虔诚的教徒找到先知伊里亚。这位教徒受到天堂和地狱问题的启发，希望自己的生活过得更好。

"哪里是天堂，哪里是地狱？"他问先知，但伊里亚没有回答他，伊里亚领着他的手穿过一条黑暗的通道，来到一座宫殿。他们走进一个铁门，来到一个大厅中。大厅里挤满了人，有穷人，也有富人。有的人衣衫褴褛，有的人珠光宝气。在大厅的中央支着一口大铁锅，里面盛满汤，下面烧着火。整个大厅中散发着汤的香气。大锅周围一层层挤满了人。那些两肋凹进，带着饥饿目光的人，都在设法分到一份汤喝。

当那位伊里亚带进来的教徒看着那些人拿着的盛汤的勺时，不由大吃一惊。那些铁勺子足足有一人高，安着木柄。那些饥饿的人贪婪地拼命用勺子在锅里搅着，但谁也无法把汤用勺子盛出来。勺子太长太重，即使是最强壮的人把汤用勺子盛出来，也无法把汤靠近嘴边去喝。有些鲁莽的家伙，甚至烫了手和脸，还把汤溅在旁边人的身上。于是大家争吵起来，人们竟挥舞着本来为了解决饥饿的长勺子大打出手。先知伊里亚对那位教徒说:"这就是地狱。"

他们又走进一条长长的黑暗的通道,最后进入另一间大厅。

这里也有许多人,在大厅中央同样放着一大锅热汤。就像地狱里的所见一样,这里每个人也同样有一把长勺,但这里的人营养状况都很好。大厅里只能听见勺子放入汤中的声音。这些人总是两人一对在工作:一个把勺子放入锅中又取出来,将汤给他的同伴喝。如果一个人觉得汤勺太重了,另外的人就过来帮忙。这样每个人都在安安静静地喝。当一个人喝饱了,就换另一个人。先知伊里亚对他的教徒说:"这就是天堂。"

无谓的竞争只会浪费自己的精力,不仅得不到好处,反而会失去许多。而良好的合作会使人如虎添翼。正如石油大王洛克菲勒所说:"我获得成功的奥秘在于有一大批人在工作中真诚地合作。"

的确,众人拾柴火焰高,合作是一种力量,也是一笔财富。人与人之间需要的是相互依赖、相互扶持、相互协作,而不是无谓的竞争。

美国俄亥俄州每年都要举行南瓜大赛,汤姆的成绩相当优异,连年获首奖或优胜奖。得奖后,汤姆毫不吝惜地将种子分送给邻居。

一个邻居不解地问:"你花那么多时间和精力培育良种,为什么把种子送给我们?难道你不怕我们的南瓜超过你的?"

汤姆则回答:"我把种子送给大家,其实也是在帮助自己!"

原来,各家瓜地相连,汤姆把自己的优良品种分给邻居,可以防止蜜蜂在传授花粉的过程中,将劣种花粉传播到自己的优良品种上,避免优良品种的退化。

汤姆的故事告诉我们什么启示呢?那就是学会合作双赢。

团结就是力量,联合就有优势。历史上,我们的祖先正是靠着群体合作的力量,告别了蒙昧和野蛮,也正是群体合作的力量,才得以生存并发展至今。智者会把生活、工作看成合作的舞台,而不是角逐的竞技场;智者会把所有的人当做合作的伙伴,而不是对立的敌人。

正如商战中，一些企业往往能放下彼此之间的成见，实现"强强合作"，使双方都从中受益。

常言道："一个篱笆三个桩，一个好汉三个帮。"告诉我们懂得与别人合作的意识，携手帮助别人，那么我们的帮手就越多。因此，年轻人应该明白与人合作的重要意义。

总之，合作让人感到安全，让人受到启迪，让人充满勇气。年轻人，你们需要共同追求一个合作的世界。